朱星名 黄 河 刘一利 编著

战场新锐 无人机

ZHANCHANG XINRUI WURENJI

新 华 出 版 社

图书在版编目（CIP）数据

战场新锐：无人机/朱星名，黄河，刘一利编著
北京：新华出版社，2014.12
ISBN 978－7－5166－1410－5
Ⅰ.①战…　Ⅱ.①朱…②黄…③刘…　Ⅲ.①无人驾驶飞机—研究　Ⅳ.①V279
中国版本图书馆 CIP 数据核字（2014）第 304438 号

战场新锐——无人机
作　　者：朱星名　黄　河　刘一利

出 版 人：张百新　　**责任编辑：**庆春雁
装帧设计：伍民力　　**责任印制：**廖成华

出版发行：新华出版社
地　　址：北京石景山区京原路 8 号　　**邮　　编：**100040
网　　址：http：//www.xinhuapub.com　http：//press.xinhuanet.com
经　　销：新华书店
购书热线：010－63077122　　**中国新闻书店购书热线：**010－63072012

照　　排：新华出版社照排中心
印　　刷：北京凯达印务有限公司

成品尺寸：170mm×240mm
印　　张：15　　**字　　数：**160 千字
版　　次：2015 年 1 月第一版　　**印　　次：**2015 年 1 月第一次印刷

书　　号：ISBN 978－7－5166－1410－5
定　　价：38.00 元

图书如有印装问题，请与出版社联系调换：010－63077101

且看无人机作战起风云

——一本折射无人机作战发展轨迹的军事读物

凭海临风望寰宇，学术天地荡风云。拿到《战场新锐——无人机》书稿，第一个感觉是惊讶。因为本书抢占的是军事变革的前沿阵地，给人以启发和思考。军事著作的价值不在于书的厚薄，更不在包装的艳丽与否，穿透时空的思想与哲理，散发的战斗力气息，才是书之品味，书之灵气，书之珍宝。我与朱星名先生虽只有一面之交，但他矢志无人机事业和新材料研发的壮举让人敬佩。与作者黄河相识多年，也多有合作，看着他不断进步，一直努力做学术研究的领跑者。刘一利虽名不见经传，但研究起点很高，一交流方觉后生可畏。一本一线研发者与学术研究者的合著，一定能够成为令业界瞩目的作品。

人类战争，从刀光剑影、战车隆隆的厮杀到无人化装备的博弈是必然趋势。21 世纪，我们再也没有看到像二战时期那样百万人厮杀的场景，折射的是战争由大向小、从有人向无人演变的趋势与规律。本书抓住了战争走向的这一战略大势，以超常的视野，以研发者的专业、使用者的敏锐，将无人机的前世今生，实战佳绩，长与短，优与劣以及未来可能的发展趋势，淋漓尽致地展现给读者。

无人机研究反映了三位作者极强的专业和学术敏感性。人类从古至今都有一个伟大的梦想，憧憬有一天能够征服浩瀚的天空。而人类战争实现无人化，也是世人千百年来的夙愿。战争发展轨迹已经表明，无人机正在成为新质战斗力的生力军，对其发展脉络、作战机理、发展趋势等进行研究探索，无疑抢占了军事研究的一个制高点。在军队力量结构洗牌的关口，在新型作战力量不断涌现之际，抓住无人机问题进行研究探讨，可见作者的前瞻视野和职业思维。有大师说过：“学术的价值贵在发现问题。”我想本书的价值更在于选题的新颖，抓住了引发新军事变革的“导火索”。

20 世纪 60 年代，美军在越南战争中使用的无人机，性能还非常低劣，也基本用于战争侦察与通信。目前，美军装备的无人机多达 8000 余架，其“全球鹰”无人机，飞行高度在 18000 米，航程可达 26000 千米，续航时间在 42 小时以上。各国无人机一夜之间“千树万树梨花开”。无人机在战争中的广泛应用，将改变传统的战争空间观念、颠覆传统的战场程式观念、改写传统的战争制胜机理，使战争、战场发生一系列实质性的裂变。本书远非一般意义的介绍，其文字背后，窥探的正是军队建设发展和未来战争的走向，传递的正是无人化战争以及无人制胜的新理念。

“小研究”唤起“大思考”。观念，战斗力的起跑线；思想，时代的冲锋号。本书以无人机研究为抓手，可以说研究的是“小装备”、“小战力”，但激起的确是建军人思想的火花，吹起的是军事变革的进军号。无人机研究，传递的不仅仅是形形色色的无人机，而是无人化作战正在成为信息化战争的新样式，由传统的后方走向战争前台，成为核心样式，将主宰 21 世纪的战争；传递的不仅仅是无人机的强与弱，更重要的是无人机在战场的大量广泛使用，已经引发战场制胜机理的变化，要求军队建设必须从传统的人力型、重装型、近战型走出来，围绕无人化、远程化谋求制胜之道。

黑格尔说，一个民族必须有仰望星空的人，这个民族才有希望。同样，一支军队也需要有一批仰望星空的人，这支军队才能站在世界的制高点，具有“穿金甲卫千年梦想，载吴钩巡万里江山”的战力。实践证明，一流的军队必须是怀揣时代先进军事思想的军队，这支军队在火蓝刀锋的信息化战场，才能横刀立马，所向克敌，战无不胜！

王雪平

2014年12月11日于石家庄

注：王雪平，大校军衔，专业技术5级，在《解放军报》、《学习时报》发表学术文章200余篇。现任石家庄机械化步兵学院机械化作战研究中心主任，著有《装甲兵论》、《打赢路上的沉思》等。

目录

第一章

横空出世

——无人机的前世今生

从英国人发明第一架无人机，到今天的无人侦察机、无人战斗机，无人机已经有了近百年的历史。无人机因其具有成本低、性能稳定、“零伤亡”等优点而广泛运用于军事领域，正逐步替代有人平台，承担越来越多的军事任务。可以想象无人机必将成为像20世纪出现的火枪、坦克、导弹等武器那样深刻地改变战争面貌，掀起新的军事变革。为了占领未来战场的制高点，世界各国纷纷投入巨资发展无人机技术。纵观无人机的演变过程，可以全面了解世界各国无人机的发展现状。

无人机的演变过程

自从有人类以来，就有梦想，憧憬征服天空的梦想。无论地球上的哪一个板块，无论肤色人种，似乎对天空都有着独特的理解和由衷的热情。在世界各地都流传着诸多关于飞行的故事。例如，我国古书《苏州府志》记载的能工巧匠制造“飞车”的故事、阿拉伯地区流传的飞毯传说、日本漫画中会飞的扫把等等。

莱特兄弟发明的飞机模型

人类真正实现离地升空梦想要感谢热气球的发明。1783 年 6 月 4 日，法国人蒙格非兄弟公开表演并试放了第一颗热气球。他们将湿草和湿羊毛燃烧时冒出的浓烟，灌入用亚麻布糊成的直径约 30 米的大口袋，那个气球果真就升起来了，并将这两个人类的精英带离地面，升高到 1830 米。气球出现以后，科学家利用它进行了各种高空探测研究，实业家运用它来实现空中运输，军事家也利用它来对战场进行空中侦察。这些实际应用进一步刺激了人类对升空飞行的探索。时间发展到 1903 年 12 月 17 日，人类航空史上迎来了一个伟大的日子。这天早晨，在美国大西洋沿岸北卡罗来纳州基蒂霍克的基尔德维尔山海边，莱特兄弟驾驶着他们自己研制的“飞行者”1 号飞机完成了四次飞行，这次试验宣告人类第一次空中持续动力飞行成功了。

资料链接：莱特飞行器

莱特飞行器（通常被称为“飞行者”1 号）是由莱特兄弟设计制造的第一台有动力飞行器，机上的推进器是由他们的雇员查理·泰勒（Charlie Taylor）从无到有自己做出来的。它是公认的第一台有人驾驶的动力飞行器。

这架 1903 年生产的飞行器和现代飞机有很大不同，飞行员是头朝前地趴在下机翼上操纵飞机的，飞机的方向控制是移动连接到臂部的摇架来达到，飞行员靠移动摇架来牵动缆线使机翼扭曲而达到改变飞行方向的目的。经过第一天四次短暂的低空飞行之后，飞机因为风的关系而受损，此后也没有再度升空过。

莱特兄弟的“飞行者”1 号使人类梦想的空中持续飞行得以变成现实。1904—1905 年，莱特兄弟又相继制造了“飞行者”2 号和“飞行者”3 号。“飞行者”3 号是世界上第一架实用型飞机，能在空中转弯、倾斜盘旋和作 8 字形飞行，留空（空中停留）时间最长达 38 分钟，飞行距离达 38.6 千米。由于飞机在大气层中飞行，不受地球表面地形地物的限制，它与气球和飞艇相比，又具有起飞简单、操纵方便、速度快、机动性好等诸多优点，因此，飞机诞生不久，便受到了军方人士的青睐。在当时一些国家的军队中，购买飞机、建立飞行队之风盛极一时。飞机不仅使人类角逐的战场由地面、海洋扩展到了空中，使战争进入立体化时代，而且还以科技的发展为动力，根据不同作战任务的需要，发展成为体态和功能不同的歼击机、轰炸机、歼击轰炸机、强击机等机种，并在战场上充分利用各自的高度和速度等方面的优势，叱咤风云，发挥着越来越重要的作用。

军事爱好者一提起有人驾驶飞机，其发展历史可以娓娓道来，但无人机的历史却一直鲜为人知。人们不了解无人机，主要是 20 世纪 50 年代以前无人机受到了动力、导航和通信等关键技术落后的制约，发展一直比较缓慢，因此也不能像有人驾驶飞机那样在二次世界大战中锋芒毕露，出尽风头，发挥出重要的作用。在近百年的航空装备发展的历史长河中，无人机的发展几落几起，大致经历以下几个过程：

无人机的诞生

随着军用飞机在战场上使用规模不断扩大，在战场上空被击落所造成的飞机损失和飞行员的伤亡也在不断上升，不断给社会与人们带来切肤之痛。能否研制一种飞机，既能够轰炸敌人的重要目标，又不会造成飞行员的伤亡呢？还在人们激烈争论飞机有没有军事价值的时候，军事界和航空界的一些先知先觉者已经开始探索无人驾驶飞机的研制工作。

就在人们深入思考如何研制无人机的时候，第一次世界大战于 1914 年爆发。面对战争可能对轰炸机的巨大需求，研制无人轰炸机的问题也变得更加现实与迫切。英国将军卡德尔和皮切尔从未来作战

美制 STERMAN PT-17 老式飞机

需求出发，向英国军事航空学会提出一项建议，研制一种无人驾驶的小型飞机，代替有人驾驶的轰炸机，挂上炸弹，使用无线电操纵它飞行到敌人目标上空，将炸弹投下去。这无疑是个非常大胆而有意义的设想，立即得到当时英国军事航空学会理事长戴·亨德森爵士的支持。他指定由英国星际学会主席 A·M·洛教授组成一个小组进行专项研究。为了保密起见，该项研究被叫作 AT 计划。

起初，AT 计划的研究工作是在布鲁克兰兹进行的。后来又转移到米德尔赛克斯的费尔泰姆地区。研究小组首先从研制无人机的遥控装置入手。当时，无线电已经有了一定发展，对无人机进行遥控，可以通过一个无线电装置对无人机发出遥控指令来实现。经过一段时间的研究试验，首先研制出了一个无线电遥控器。接着，曾经设计了 B·E·2 轻型双座单发拉进式双翼轰炸机的英国著名的飞机设计师杰佛里·哈维兰制造了一架翼展为6.7米的小型上单翼飞机，配置的是1台26千瓦的活塞发动机，并安装了起落架。研究小组将无线电遥控器安装在小型飞机上，研究工作取得了重要成果。

经过三年的研究，在临近第一次世界大战结束的1917年3月，世界上第一架无人驾驶飞机在尼奥帕万英国皇家飞行训练学校进行了第一次飞行实验。这次飞行主要是对无人机的飞行与遥控性能进行试验，而非轰炸目标的试验，因此没有挂载炸弹。飞行试验开始后，在人们关注的目光下，无人机成功起飞并进入正常飞行。就在人们紧张的神经刚要松弛下来的时候，飞机发动机欢快的轰鸣声突然停止了。由于发动机突然熄火，飞机一下子失去了动力和升力，再也无力承担自己沉重的机身，立即进人失速状态，在众目睽睽之下一头栽了下来。经过一段时间反复查找原因和地面试验，发动机的问题似乎排除了。第二次飞行试验开始了。飞机起飞后，按照试验计划，地面操纵人员使用无线电遥控器操纵无人机进行了一段时间的平稳飞行。看到无人机像个听话的孩子般地按照控制员的指令飞行，研究小组和参观的人非常高兴。飞行试验很快就要进行完了，就在人们正准备庆祝试验成功的时候，无人机在空中翻了一个筋斗后，发动机又熄火了，一头栽了下来。

资料链接：第一次世界大战时期的作战飞机

第一次世界大战期间，作战飞机得到很大发展。大战开始时，作战飞机多为木、布结构的三翼机，装备数量也较少。德、法、英等国的作战飞机总共才有2000多架。

大战期间，飞机由试验型发展为批量生产，其外形发展到双翼机，并逐渐向单翼机过渡；动力装置由单发动机发展为双发动机、多发动机等。大战期间各参战国共生产各类飞机约 20 万架。作战飞机由侦察机发展为战斗机、轰炸机和强击机等多种机型。

随着第一次世界大战的结束，军事上对无人机的需求已经不迫切。加之大战结束后必然要大裁军，大量的军用飞机要退役，在这种情况下，无人机的发展也就失去了动力。就这样，第一次 AT 计划的试验被迫停了下来。

A·M·洛教授对遥控无人飞机的研究具有极大的兴趣，并没有因为失败和困难而终止研究工作。几年后，当第一次世界大战结束的善后工作告一段落，英国的经济得到恢复和一定发展后，这项研究工作重新得到了英国政府的资金支持。

10 年后，A·M·洛教授和他的同事们在无人机研究方面取得了丰硕成果。1927 年，英国皇家飞机研究所研制出“喉”式单翼无人机，在英国海军“堡垒”号军舰上进行了试验。“喉”式无人机载有 113 千克炸弹，在军舰上安装的一个小倾斜角的滑轨上滑行起飞，以 322 千米/小时的速度成功飞行了 480 千米，引起了航空界的震动。历时十多年的无人轰炸机的研究工作终于画上了一个句号。

无人靶机开创无人机使用先河

从莱特兄弟制造了世界上第一架有人驾驶飞机以来，特别是第一次世界大战后，有人驾驶飞机发展异常迅速，逐渐形成了一支重要的作战力量。与有人驾驶作战飞机相对的地面和空中反空袭力量的发展还比较落后，远远未能跟上空中攻击力量的发展，防空问题日益提上了各国军队的议事日程。为了训练提高部队的防空作战能力和水平，大部分国家采用的是用大型有人驾驶飞机拖带靶机的方法，但由于当时防空火炮的射击精度不高，特别是大口径防空火炮，稍不留神就会造成机毁人亡。这时，英国的费尔雷公司想起了无人机。1933 年，费尔雷公司将一架“女工”双翼飞机改装成无人驾驶靶机并投入实际使用。从此，无人机作为靶机被载入航空史册，并开始在靶场上担当重要角色。

如今，一种导弹的研制与定型，需要多种无人靶机进行鉴定试验。如果没有如此之多的无人靶机，就不可能有今天规格如此之多、性能如此之好的防空导弹系统。世界上最负盛名的无人靶机有美国的“火蜂”和澳大利亚的“金迪维克”无人靶机。就无人机发展本身而言，无人靶机的发展也带动了遥控遥测技术、飞行控制与导引技术、小型发动机技术、发射与回收技术以及无人机专用设备，诸如回波增强器、红外增强器等设备的发展，为无人机今后全面发展奠定了基础。

无人机在战场上上演了处子秀

20 世纪 60 年代发生的美国侵越战争，使无人机从处处挨打的靶机，发展成直接参与作战行动的作战兵器，上演了在战争运用上的处子秀。20 世纪 60 年代初，美国从称霸全球的战略出发，出动大批的轰炸机、战斗轰炸机对越南北部实施大规模轰炸，但遭到了越南使用的苏制防空导弹和高射炮的沉痛打击，执行侦察、轰炸、运输等各项任务的战机被击落 2500 余架，死伤飞行人员 5000 余名。美国政府 1962 年指定生产靶机的美国瑞安公司，将靶机改装成能够执行侦察任务的无人机，来替代有人机执行任务，减少人员伤亡。瑞安公司仅用 90 天的时间，就将 1000 架“火蜂”靶机改装成无人侦察机，投入越战战场。在美国侵略越南期间，美军使用“火蜂”无人高空侦察机多达 3435 架次，执行了高空和超低空照相侦察、电子窃听、干扰越南无线电电台通信、在空中走廊抛撒金属箔条为轰炸机护航、抛撒宣传品等任务，回收 2873 架次，战损率为 16%。这意味着，如果美国派遣有人战机执行同一数量的任务，将有 560 余架飞机被击落，按照原来美军在越南损失的飞机与飞行人员的比例，将损失 1200 余名的飞行人员。

无人机在越南战争中的表现，令美、英等军事强国重新发现了无人机的潜在优势，对无人机的作用进行了重新定位，其发展也越来越受到广泛重视，无人机在沉寂了十几年后又进入了一个发展新时期。

集侦察、攻击等任务于一身的无人机

20 世纪 80 年代，微电子、光电技术和计算机技术爆炸式的发展，对无人机的发展进步，提供了物质基础；局部战争的作战实践，又奠定了无人机发展的实践基础。美国研制的“天眼”40 型多用途无人机，翼下可以挂装 6 枚 10 千克、70 毫米的火箭弹，具有了执行多项任务的能力。以色列的“哈比”反辐射无人机、德国与美国波音公司联合研制的“勇敢”210 型反辐射无人机，具备了侦察、打击的功能。

20 世纪 90 年代初爆发的海湾战争只打了 42 天，以美国为首的多国部队就投入了 200 多架无人机，仅“先锋”一种无人机就执行任务 533 次，飞行 1638 小时，其使用密度之大是前所未有的。海湾战争中，美军以极小的人员伤亡取得了战争的胜利，从而使世界许多国家把无人作战平台，特别是无人机进一步作为减少人员伤亡、提高作战能力的基本工具。

在1995年的美军空袭波黑塞族前曾派出80架次“捕食者”无人机，对战场进行了实地侦察。空袭时，该型无人机向战斗机提供准确的目标信息，致使塞军70%防空设施和作战指挥系统被摧毁，40%的弹药库被炸毁。在1999年的科索沃战争中，以美国为首的北约再次动用了大量无人机。其中仅美、德、法3国的无人机就飞行了约4000小时。美军的12架“掠夺者”无人机，在战区上空昼夜不停地侦察与监视，为北约部队提供了大量实时的情报信息，同时它还担负投掷袖珍炸弹的任务。美国海军的“先锋”无人机也多次被用于补充侦察和战损评估等任务。

阿富汗战争更是各型无人机的集中亮相。其中表现最为突出的是美国老牌的U2高空无人侦察机以及最新型的“捕食者”和“全球鹰”无人侦察机等。其实，早在战争之前的2001年8月，美国海军就曾想购买或租用“全球鹰”无人机、正在研制的“鹰眼”倾转翼无人机，以替代服役期快到的“先锋”无人机。

在2004年伊拉克战争中，美军使用“侦打一体”无人机对伊拉克重要领导人等各种“机会目标”和伊军重要高价值军事目标实施精确打击，取得了骄人的战绩。

从此，无人机进入了一个实战应用和全面发展时期。无人机巨大的军事效益和经济效益，令世界各国开始聚焦无人机技术的发展，其研制和装备势头空前高涨。

世界各国无人机发展现状

目前，无人机的发展呈现出前所未有的热潮。世界上绝大多数国家的军队都装备了无人机，30 多个国家从事无人机的研制和生产，先后有 4000 余种型号无人机问世。无人机正朝着侦打一体化、滞空长时化、高度智能化、功能集成化、机体微型化、飞行隐身化的方向发展。世界各航空大国，不仅较早地认识到无人机的重要作用，而且在研制开发新的无人机上，也处于领先地位，试图通过早研制、早使用、早更新，保持其在军事领域的综合优势。

美国全面称雄

美国是最早研制无人机的国家之一，依仗其雄厚的经济实力和先进技术的支撑，已形成高、中、低空，远、中、近程，大、中、小型，战略、战役、战术侦察，通信中继、信息战、火力攻击等多种类型梯次搭配的装备体系，使其在无人机领域以起步早、种类全、应用广而在世界上全面称雄。可以说美国无人机的发展，代表着世界无人机的发展水平和发展潮流。

美军 2014 年出版的《四年防务评估报告》认为美军未来防务建设要进一步在打赢当前战争与应对未来冲突之间取得平衡，强调美正面临更加复杂多样的安全威胁，既要重视传统安全威胁，也要重视日趋增加的非传统安全威胁，需进一步加强无人机的研制和生产。美军的无人机系统已经成为联合作战中联合部队最需要的装备之一，在战场上发挥着重要的作用。纵观诸多全球联合军事行动，无人机以其续航持久、高效率及良好的连通性等特点，大大增强了部队的战斗力。美军利用日益自动化、模块化、兼具全球连通性和可持续多任务的无人机系统，使美国空中力量成为了一支更精练、适应能力更强、工作效率更高的部队，进一步增强联合部队的战斗力。

资料链接：美国的无人机有哪些机型

美国的无人机："先锋"无人机、"暗星"无人机、美国"全眼"垂直起降无人机、美国"火蜂"无人机、RQ-1"捕食者"、"捕食者"B（美国MQ-9型"死神"无人攻击机）、RQ-4A"全球鹰"、RQ-5"猎手"、美军RQ-7"影子-200"战术无人机、美国RQ-8A"火力侦察兵"、美国RQ-11"大乌鸦"无人机、美海军陆战队装备的"龙眼"无人机、袖珍无人机、智能无人战斗直升机——"猎人"无人机、美国宇航局X-43A高超音速无人机、X-45C无人战斗机、X-47B无人战斗机、波音X-50A"蜻蜓"无人机。

美军为保持其在无人机发展上的优势地位，先后出台了《2003年美国空军科学顾问委员会无人机研究》、《2005-2030年美国无人机系统路线图》、《2007—2032年美国无人机系统路线图》和《2009—2047年美国空军无人机系统飞行计划》等无人机系统发展方案。提出了统一的无人飞行系统总体发展战略规划，并明确表示，未来20年，美国将逐步组建一支完善而先进的无人系统部队，实现有人系统与无人系统之间的无缝连接，在动态环境中既可独立承担任务，也可与其他作战单元协作完成复杂任务。在美国，7万人正在为无人机忙活着。五角大楼正以每年30％的规模扩充无人机的数量。

美国军方领导人预计，在短期内，空军里的无人机驾驶员数量将会超过实际驾驶飞机的驾驶员数量。进一步研发中远程无人机。更多的无人机运用，意味着美国势必更进一步扩大自己的全球情报网和军事基地网络，无人机的精确性和辨识度极度依赖情报。美国空军2009年出台的《美国空军2009—2047无人机系统飞行计划》从当前规划、近期目标和长远目标三个方面介绍了未来美国空军无人机系统的发展思路和构想，同时也折射出美国空军未来加强空中力量建设的重要思想和发展方向以及其着力发展无人机系统和夺取无人机系统发展优势的战略意图。美国空军认为，科技进步有力地推动了无人机系统的快速发展。无人机系统的发展催生了新的作战样式，为美军现代化作战和反恐战争注入了新的活力，是美军在作战中不可或缺的力量，同时也是美国空军未来空中力量建设的主要方向。随着技术的快速发展和应用，无人机系统将以其特有的优势作为一种有生力量，最终将具备有人机的全部功能。美军发展无人机有以下几个特点：

（一）重视任务功能多样化。以信息技术为核心的高新技术迅猛发展及其在军事领域的广泛应用，促使未来信息化战争将成为作战系统间的对抗。在阿富汗战争、伊拉克战争及对利比亚空袭作战中，无人机承担的任务日益增多。其作战方式日趋多样化，对无人机功能的要求也越来越多。美军认为，如果无人机仅具备单一的侦察监视和攻击手段，将无法在未来战争中有效发挥作用。未来无人机必须是多种作战功能的高度合成。将多种有效载荷、多个系统功能综合到作战系统之中。

美军制定的《2007—2032年美国无人机系统路线图》，强调数据处理技术、通信技术、平台技术、有效载荷技术等高新技术的融合。路线图指出，多频谱、超频谱图像技术的融合将不仅能提供更多的目标细节，还能进行精确定位；超高频、甚高频植物穿透技术和双波段雷达的融合，将能够发现隐藏在树丛或伪装的敌军武器装备和部队；通信技术和加密技术的融合，可以确保敌方无法破解无人机的信息流，提高无人机信息传输和控制能力。

（二）重视编队协同发展。即将无人机与无人机、无人机与有人驾驶飞机以及无人机与其他武器平台之间连接为一个整体，发挥综合效能。在无人机与无人机协同方面，美军曾分别由陆军、海军和空军使用的“阴影”、“捕食者”和“扫描鹰”这 3 种无人机进行了协同作战试验，结果表明：通过不同飞行高度和滞空时间的无人机协同行动，联合作战试验平台系统（JOTBS）将能够更清楚地掌握相关区域的情况，从而使未来作战态势感知更加清晰。在无人机与有人驾驶飞机协同作战方面，美国陆军正在探索发展“猎人远距杀手”计划，将无人侦察机与有人武装直升机组成作战编队，由无人机承担侦察引导任务，武装直升机在敌火力范围之外执行攻击任务，以提高生存力和整体战斗力。美军曾利用 1 架“猎人”无人机和 1 架“长弓阿帕奇”武装直升机进行战斗编队试验。目标识别距离可增加 12 千米-27 千米，有效攻击距离可增加 3000 千米—5000 千米，从而能够进一步提升作战效能。

（三）重视指挥控制系统智能化。无人机智能化就是“无人机作出决定的能力”，不仅能够按照指令或者预先编制的程序完成预定的作战任务，更能对威胁目标自主作出反应，还能即时处置突发情况。然而，目前无人机大多采用操作人员遥控的方式执行作战任务，不仅对操作人员的控制技能要求较高，还存在操作人员无法准确掌握战场态势等问题。美军将主要在智能化指挥控制系统、智能化武器装备、智能化材料、空中加油及太阳能动力等方面采取措施，重点开发全天候、高分辨率、远距离、实时化、小型化的任务设备，开发远距离、安全保密、通用化、网络化的测控传输系统，开发基于数据链的地面控制系统，全面提高无人机的智能化水平。2013年5月14日，美国海军在“乔治·布什”号航空母舰上成功弹射起飞了人类历史上第一架无需人工干预、完全由电脑操控的喷气式无人驾驶飞机——X-47B无人战斗机，并获得了成功。按照美军的设想，未来战场或许将是以无人战斗机、无人轰炸机、无人电子战飞机和无人预警机等构成的高度智能化的无人作战体系，从而完全颠覆人们对现有空战模式的认识。

以色列“苍鹭”无人机

以色列后来居上

以色列虽不是最早发明和使用无人机的国家，但其拥有丰富的研制与使用无人机的经验。其无人机技术居于世界领先地位，无人机产品远销世界数十个国家。目前，以色列无人机系统正在朝着续航时间长，拥有隐形能力、可进行空中预警与作战的方向发展，这些发展趋势在一定程度上也引领了世界无人机的发展方向。

目前，以色列先后研制了三代数十种型号的无人机，已经装备的型号主要有“侦察兵”、“先锋”、“猎人”、“巡逻兵”、“搜索者”、“竞技神”、“苍鹭”和“埃坦”等，其无人机技术居于世界先进行列。以色列无人机的发展离不开其国防工业发展的大背景，国防工业整体实力的推进带动了无人机的研制与运用。众所周知，以色列的无人机工业的崛起固然有美国的扶植，但探索其中的原由，除了内在民族精神的主观动力和其特有的长年战乱的客观实际，也与其在“空军第一”的战略思想下大力发展无人机的指导思想息息相关。

以色列从建国开始就一直处于紧张的战争状态之中，军队在战争中的表现直接关系到以色列军队和整个国家的存亡。而弹丸之地的以色列人力资源和战争潜力非常有限，使用空军实施非对称打击是以军制胜的关键，空军是决定以色列国家生存的重要力量。因此，以色列在军事力量建设上确定了“空军第一”的战略思想。随着现代战争模式的转变，即使拥有强大的空军力量，应对频繁发生的武装冲突，以色列仍然急切需要能降低战斗成本和减少伤亡的武器。而无人机的特点就是结构简单、体积小、重量轻、机动性好、飞行时间长、成本低、便于隐蔽、无需机场跑道、可多次回收重复使用、可做超越飞行员生理极限的高速飞行、可深入被核生化污染地区的上空探测取样等，执行危险性极大的作战任务。由于无人机具有上述这些优点，使得无人机在近几场局部战争被大量地使用。在以军历次打击任务中，无人机占据着重要地位。以军认为利用无人机来替代飞行员去执行高风险作战任务，效费比高，又能降低伤亡率，特别是在应付小规模战役和战斗时，“无人机作用胜过有人机”。因此，在2007年以军的五年防务开支计划中，无人机被列为以色列空军未来五年发展的重点之一，并重点发展和装备“竞技神”战术长航时无人机、“苍鹭”中空长航时无人机和“埃坦”高空长航时无人机。

以色列研制的无人机不仅先进，而且实用，受到了世界各国的欢迎。其出口也位居全球第一，在过去8年中，该国无人机出口额高达46亿美元，目前以色列已成为全球无人机出口第一大国。据以色列有关方面统计，以色列无人机出口已占了该国安全产品出口的10%，成为重要的军工产业。另外，以色列制造的无人机绝大部分用于军事目的，少部分用于国内安保方面，如供国内安全机构和城市保卫机构使用。

以色列“布鲁斯特咨询公司”发布报告说，“2008年，以色列出口的无人机总额为1.5亿美元，2009年增加到6.5亿美元，到2010年猛增到10亿多美元。”报告还指出，以色列制造的无人机分两大类，一是“埃坦”无人机，该型机两翼长26米；另一种是能携带弹药的“赫尔墨斯”450无人机，以军实施暗杀和定点清除行动时都使用该型无人机。“布鲁斯特咨询公司”的报告还表示，2005年到2012年，以色列出口的无人机中的50%是欧洲国家，其中包括英国、西班牙、波兰、法国、德国、荷兰和格鲁吉亚；英军在阿富汗发动大规模军事行动中使用的就是"赫尔墨斯"450无人机。报告说，以色列无人机出口的三分之一是亚洲国家，主要是新加坡、印度和阿塞拜疆。对拉美地区的出口占了以色列无人机出口的11%，其中包括巴西、智利、哥伦比亚、厄瓜多尔和墨西哥。对非洲地区的出口最少，只占总出口的1.5%，非洲国家主要是埃塞俄比亚、尼日利亚和乌干达。另外，以色列对美国一国的出口就占了其无人机出口总额的3.9%。"布鲁斯特咨询公司"强调，未来几年，以色列安全产品的出口会不断增加，因为已与许多外国公司签订了无人机供货合同。未来以色列将大力开发国外市场，重点是非洲、亚洲和南美。值得一提的是，在2008年8月俄格军事冲突中，格鲁吉亚军队依靠以色列无人机，一度占据上风。战后俄军高层访问以色列，签署总价值5000万美元的军购合同，从以色列采购先进无人机。

俄罗斯独树一帜

俄罗斯军用无人机的研制从20世纪50年代开始起步。至今，俄罗斯研制出和研制中的无人机型号20余种，主要使用的有：R-90无人机、图-141"雨燕"、图-143"航行者"、图-243"航行者"D、卡-137无人直升机、"蜜蜂"-1T小型战术无人机，"信天翁"和"蜻蜓"8种。

鉴于无人机在近几场局部战争中的广泛应用和出色表现，俄军方对无人机地位和作用的认识不断提高，开始对发展无人机给予高度重视。著名军事理论家斯里普钦科在题为《俄罗斯需要新型军队》一文中指出，在未来的非接触战争中，进攻一方将大量使用远程高精度无人驾驶飞机，导致战争的主要样式发生变化。俄战略与技术分析中心副主任马钦柯认为，无人机应当属于军方最优先发展的三大项目之一。因此，目前俄军不断加大研制力度。俄空军提出了新一代无人机研制的战术技术任务和使用构想。各有关公司和研制单位加大研制力度，长、短航时，高、中、低空，大、中、小、微型各种层次的无人机研制方案和样机纷纷出台。苏霍伊设计局完成了俄罗斯未来无人机概念研究，制定了新型军用无人机研发构想。新型无人机将与第五代战斗机一并组成俄军武器序列，由一架有人驾驶飞机通过强大的数据链功能，操控数架无人机实施空战或支援陆、海军作战。该设计局还研制出“探测器”-1，“探测器”-2 高空长航时无人机及“探测器”-3 中空长航时无人机，并将于 2018 年推出首款重达 20 吨的攻击型无人机样机。据称这种无人机将以五代机 T-50 技术为基础研发。而俄“雄鹰”公司负责研发的 5 吨重无人机也将于 2015—2016 年问世。伊尔库斯克公司研制出多用途中型无人机，雅可夫列夫设计局研制出“蜻蜓”小型战术无人机及“鹰眼”、“信天翁”垂直起降战术无人机，21 世纪新秀公司制造出“格兰特”、“博拉特”小型战术无人机，莫斯科脉冲公司研制出“花岗岩”-F 小型便携式无人机，库兹涅佐夫应用力学科学研究所研制出“红华”微型无人直升机。此外，俄罗斯还在卡-137 无人直升机的基础上研制出 MSBK-137 多用途无人直升机，在图-143 和图-23 基础上研制出图-300 无人机以及将替代“蜜蜂”并可配备到师和军级单位的“主人”无人机，“电视观察者”无人侦察机，“阿米巴”和“小飞虫”无人电子干扰机以及“垂直线”-20 小型无人直升机等。早在 2011 年初，俄罗斯副总理谢尔盖·伊万诺夫就曾透露，俄罗斯在未来 10 年间将大力发展无人机技术。俄军无人机发展的主要特点：

资料链接：苏霍伊飞机设计局

苏霍伊飞机设计局是苏联和今俄罗斯重要的军机研制机构，也是世界上著名的航空企业之一。现已改名为苏霍伊设计局股份有限公司，但是人们还是习惯地称它为苏霍伊设计局。从1939年苏霍伊设计局创立，到刚刚过去的2000年，该设计局已经走过了整整61年的历程。61年来，苏霍伊设计局曾取得了巨大的成绩，总共研制了100多个型号的各类飞机，其中有约50种投入批量生产，且不乏世界名机，如Su-27系列歼击机及其改型似乎已成了该设计局的代名词。

（一）科研力量雄厚。俄罗斯是世界上最早研制无人机的国家之一，苏联拉沃奇金、图波列夫、雅科福列夫等著名飞机设计局先后研制出一批无人机，为后续研制工作积累了丰富的经验。俄罗斯总统普京2012年宣布，利用8年时间投入130亿美元用于无人机技术研发，大力发展无人机。俄国内主要的5家飞机制造商都在进行无人机的研制，其中雅可夫列夫设计局、苏霍伊设计局、图波列夫设计局都是赫赫有名的飞机研制和制造商。

俄罗斯在飞行器结构设计、航空发动机、航空电子设备等领域保持世界领先优势，这些优势都可以转化到无人机的研制当中。同时，俄罗斯注重无人机的机载设备研制。目前研制成功的机载照相侦察设备，可对宽40千米、长1350千米的地带进行照相侦察，对宽80千米、长2100千米地带进行整体摄影侦察，并可以很容易地分辨出铁路上的枕木。

（二）注重通用性，强调多用途。俄罗斯在研制和生产无人机的过程中，非常注重其通用性，大多采用统一的技术标准和模块化结构，一机多用。如“蜜蜂”-1T无人机，其尺寸可与“蜜蜂”其他系列型号的技术标准相匹配，主要部件（机身、机翼）可互换。图-143、图-23、卡-137，“猫头鹰”、“鹰眼”等无人机也都采用模块化设计结构，可根据需要配备各种传感器。另外俄罗斯无人机多为三军通用型，既可在陆地着陆，也可在舰艇上降落。

（三）多研制，少生产、少装备。为了既保持技术优势又节省经费，俄军采取了多研制，少生产、少装备的方法。俄罗斯已研和在研的无人机有 20 余种，近年来更是进入全面发展阶段，各种型号、各种用途、各种级别的无人机竞相亮相，但批量生产和投入使用的仅 8 种。俄军经费紧张，采购能力十分有限，这与已形成多层次、全方位无人机网的美军和以军相比相距甚远，但俄军在技术上并不落后，这种技术储备对俄军来讲十分重要。

欧盟实力不凡

欧盟各国高度重视快反部队和无人机的作用，在无人机技术发展上处于世界领先地位。英、法、德都是世界主要军事强国和航空大国，在无人机研究领域起步较早，具有较雄厚的实力。欧盟各国在发展本国无人机基础上，在欧盟框架下建立了广泛的合作。

（一）英国

英国是较早研制和使用无人机的国家之一，无人机发展水平也比较高，在 1999 年的科索沃战争、2002 年的阿富汗反恐战争和 2003 年的伊拉克战争中，英国都有多种无人机参战。其典型的无人机有“不死鸟”、“观察者”、“守望者”等无人机。在其国防部公布的 2002 年战略防务评审中，英军准备重组皇家炮兵的编制和装备，加大无人机使用的力度，其中，装备多管火箭炮系统的第 32 皇家炮兵团改装

"不死鸟"无人机，成为英国陆军第一个无人机团，这是陆军无人机应用扩展计划的一部分，该团驻在威尔特郡的陆军拉克希尔训练基地。

为了提高英国研制隐形无人空战飞行器的能力，2006年，英国国防部和包括英国航空航天系统公司、GE航空系统公司、奎奈蒂克公司和罗·罗等公司在内的团队开始进行"雷神"UCAV验证机计划，核心任务是评估UCAV自主作战能力是否能够达到预期的战场使用要求。2010年7月12日，英国公开展示了"雷神"UCAV技术验证机，其外形酷似UFO，尺寸与鹰式喷气式飞机类似，但安装了隐形装置以及人工智能系统。"雷神"UCAV是一种可以跨洲际飞行的远程无人作战飞行器，既能在敌方领空执行情报收集、监测和侦察任务，还能携带炸弹、导弹，甚至能携带核弹头执行战略打击任务。由于出众的隐身能力，地面雷达几乎无法发现这款飞行器。它体现了英国最先进的产品设计和科学技术，在全球处于领先地位。

（二）法国

法国在无人机研制上拥有较强的实力，先后自行研制了"玛尔特"、"狐狸"、"红隼"、"轻骑兵"、"豺"、"玛鲁拉"、"麻雀"等战术无人机，"考普特"1和2、"警戒观察员"、"太阳"无人直升机、"龙"、"狐狸"电子战无人机等。法国还与加拿大等国合作，生产和使用了CL-89T和CL-289型无人侦察机，这两种机型及"玛尔特"和"红隼"无人侦察机都可与法军的"拉达克"雷达和射击指挥系统配套使用。CL-289和"玛尔特"曾在海湾战争、科索沃战争中崭露头角。

为了追赶美国无人机发展的步伐，法国正加紧联合研制"神经元"无人作战飞机。2001年7月，法国达索公司研制出了AVE无人战斗机微缩版验证机，并且成功进行了首飞。2001年，法国又与德、意、西、英等国一起启动了“未来欧洲空战系统”研究计划。2003年，法国投入3亿欧元研制“神经元”无人战斗机。

“神经元”无人战斗机的最大飞行高度约13300米，最大时速1200千米，飞机空重约为3.5吨，最大起飞重量将超过5吨，最大武器有效挂载为400千克。飞机数据系统采用泰利斯公司提供的数据链，地面指挥系统可通过实时指令指挥飞机发射“风暴幽灵”巡航导弹和联合直接攻击弹药等防区外打击武器，实施超视距防区外精确打击。

（三）德国

德国有着先进的科学技术和发达的国防工业基础。早在第二次世界大战期间就已使用过无人航空兵器，秘密从事“V-1”无人轰炸机的研究并将其用于实战。第二次世界大战后，因长期处于北约和华约两大集团冷战前哨阵地，所以他们千方百计发展高技术兵器对付来自东线的巨大威胁。德国一些军火公司早在20世纪70年代就开始研制多种无人机，但大部分用于战场侦察或射击校正。德国比较著名的无人机有：“月神”（Luna）-2000，“布雷维尔”等无人侦察机，“希摩斯”LV，“奥卡”1200无人直升机，“达尔”反辐射无人机，“欧洲鹰”长航时无人机和“台风”无人作战飞机。

目前，德国已经建立起了一整套无人机研发体系和项目，目标是在2015年建立起一支低、中、高空，大、中、小型型号齐备，可执行各种战术、战略任务的完整的无人机部队。目前，德国的L34情报收集无人机即“欧洲鹰”无人机计划已经接近成熟，各种战术无人机也在陆续装备部队，德国已成为除英国外，装备使用无人机最多、技术水平最高的欧洲国家。

我国进步显著

我国无人机的研发与应用起步较晚，在空气动力、发动机、高精度导航等方面，都还存在相当的差距，目前处于不断追赶的态势。但我国无人机经过近些年的发展，已经取得不小的成绩。2009 年，无人机方队首次亮相阅兵方阵，引发了海内外媒体的广泛关注。我国在一系列航展上也展出过多款新式无人机。目前，全国从事无人机研发、生产、服务的单位就有 300 多家，处于快速增长的阶段，在产品研发和应用方面也取得了显著成果。我国无人机已普遍应用于国土测绘、海洋巡查、电力巡线、气象探测、应急救援、环保监测、森林防火、警用巡逻等多个领域，并在汶川地震、玉树地震、舟曲泥石流、芦山地震等抢险救灾中发挥出重要作用。

据美国《航空周刊》报道，截至 2014 年 7 月份，我国已对外展示了几十种无人机，这足以证明，在无人机领域我国正在“赶超西方”。报道称，从我国展示的无人机模型和飞行视频可以看出，我国的无人机参照了以色列的“苍鹭”以及美国的“大乌鸦”、RQ-7“暗影”、“捕食者”和“全球鹰”等西方先进无人机的设计理念。这意味着我国像美国一样，实际上已经拥有了包括手抛式低空无人机、中空长航时无人机在内的整个系列。报道援引“G2 解决方案”智库公司市场分部研究室主任罗恩·斯登的分析猜测，“中国人民解放军似乎正在获得最先进的中空无人机技术，并已开始独立生产此类无人机，他们参照了一些成熟的无人机设计，这有利于在无人机的指挥控制和操作概念方面取得进展”。

2014 年 11 月份举办的珠海航展上，我国除了展示备受关注的

2009 年 10 月 1 日，阅兵中的中国无人机方队

“翼龙”“彩虹”等无人机外，空军攻击-1 首款现役察打一体无人机，支持反航母作战的 WJ-600 无人机，具备舰上回收能力的“海巡者”无人机等多款高端无人机也密集亮相。

航天科工集团展出了 WJ-600A/D 型无人机和以其为中心的无人作战系统。该系统由 WJ-600A/D 无人机、地面指挥控制站（GCS）、地面数据终端（GDT）、机动发射车和其他支援保障设备组成，以多用途的 WJ-600A/D 无人机覆盖多种作战能力，构建了完善的无人作战体系。WJ-600A/D 无人机既可以独立作战，又能为其他精确制导武器提供目标指示和战果评估等战场保障。作为一种高空中程无人机，WJ-600 独立作战时不仅可用于常态化侦察监视的巡逻，也可以在发现目标后，利用携带的各种导弹独立执行打击任务。

攻击-1 无人机是中国空军在航展中亮相的首款现役察打一体无人机，集侦察、情报传输和火力打击于一身。这款无人机采用单发、

攻击-1 无人机在“和平使命-2014”演练中准确命中目标瞬间

大展弦比、平直翼、V 型尾翼气动布局设计，配备光电侦察监视设备和多型武器，可担负低威胁环境下战场重点区域持久侦察、监视和攻击、毁伤效能评估等任务。2014 年 8 月份，攻击-1 无人机曾在“和平使命-2014”联合反恐军演实兵演练中，对一处高地实施侦察并对“敌”指挥车实施导弹打击。

军事专家认为，近年来我国无人机产业开始井喷式发展。据统计，仅中国 2012 年具备制造无人机机身、地面站和指挥数据链等基本资质的厂商有接近 100 家，而 2014 年这个数字已超过 300 家。无人机尽管发展时间还比较短，但未来在军用和民用领域的应用前景非常广阔。在无人机研制领域，目前第一梯队是美国，第二梯队是以色列和欧洲，我们已经超越第二梯队，接近第一梯队。中国无人机的优势在于全国产化，不受任何人制约，这样能够有效应对技术封锁的威胁，同时在价格和维护方面也有一定优势。目前我国无人机研制主要集中于三个方向，一个是察打一体型无人机；第二种是类似于美国“全球鹰”和以色列的“苍鹭”的高空长航时战略侦察机；第三类则是类似 X-47B 的飞翼布局的隐身无人机。尽管我国的无人机的发动机性能受限，材料、工艺尚不及西方无人机精良，但我国无人机在这三个领域都已经有了代表机型，甚至在关键的气动以及气动隐身一体化设计方面处于世界领先地位。

我国周边国家和地区不甘落后

除了美、俄、法、英、德、以等国以外，我国周边国家和地区研制发展的无人机，同样不能小觑。日本、印度、韩国、巴基斯坦、马来西亚以及我国的台湾地区都拥有自行研制的无人机。其中日本的无人机技术较为先进，除有 3 种型号的“民用”无人直升机外，还在研制能够连续 36 小时对地面目标进行监测，飞行高度可达 20000 米以上的长航时无人侦察机。许多亚洲国家还纷纷从国外进口先进的无人机。如印度从以色列购买了 100 多架“搜索者”-1 和“搜索者”-2，35 架“苍鹭”无人机，并正在与以色列商讨全面引进“苍鹭”无人机生产线。韩国在 1997 年与以色列签署了一项价值 4500 万美元的合同，采购 100 架“哈比”反辐射无人机。澳大利亚国防部重新确定了无人机采购计划的方向，开展有人机和无人机联合监视项目。

（一）印度

印度是南亚军事强国，为了巩固其在南亚的霸主地位，并向世界军事大国迈进，为此急切需要提高海上持续监视能力。由于在研制方面滞后，印度现役的无人飞行器只有以色列的“搜索者”（Searcher）和“苍鹭”（ Heron）可用。出于反恐和国家安全考虑，印度购买发达国家先进无人飞行器的同时，积极发展本国的无人飞行器技术。

目前，印度已部署的无人机，主要为从以色列引进的“搜索者”、“苍鹭”。2006年，印度海军在喀拉拉邦半岛部署了它的第一支无人驾驶系统侦察中队，代号为INAS342，列装有8架“搜索者”和6架“苍鹭”无人驾驶系统，同时印度海军决定建立培训基础设施和操作能力，然后推广到第二支无人驾驶系统中队。2011年1月，印度海军在靠近巴基斯坦的西部古吉拉特州的海滨城市博尔本德尔部署了第二支无人驾驶系统中队，代号为INAS343，还是列装“苍鹭”和“搜索者”，以提供急需的北阿拉伯海和卡奇地区空中侦察能力，其中包含印度和巴基斯坦之间长期争议的爵士克里克河口地带。

印度国防部正在计划研制名为“鲁斯图姆”（Rustom-H）中空长航时无人驾驶系统。该项目最初的拨款额为2.25亿美元。2010年4月，印度斯坦航空公司（HAL）和巴拉特电子公司（BEL）获得了“鲁斯图姆”无人驾驶系统的设计和研发合同。该项目将突破传统的研发模式，在初始设计阶段就开始考虑生产、使用阶段可能遇到的问题，未来还可能被改造成无人作战飞机或其他改型。

据报道，“鲁斯图姆”能携带250千克—500千克的任务载荷，还能够通过卫星进行数据传输。“鲁斯图姆”将配备一台NPO-Saturn 36MT涡轮风扇喷气发动机。印度希望以其替代目前陆海空三军使用的“苍鹭”中空长航时无人驾驶系统。

（二）日本

由于受到发展军力的限制，日本生产的无人机大多为民用型，军用型仅“前视空中观察系统”（FFOS）一种。但近年来日本也加紧了无人机，特别是军用无人机的研制，并努力引进和利用国外无人机的先进技术，研制能够连续36小时以上飞行的长航时无人侦察机。

在2010年年底出台的日本《中期防卫力量整备计划》中，继续强化对周边地区的情报搜集能力。无人驾驶飞机以其较高的效费比，成为自卫队遂行此类任务的首选。事实上，日本从2001年起就已着手独立开发相应的装备，但因为遭遇技术障碍和美国百般阻挠，新机型的研制进度大大落后于预期，才不得不走外购成熟产品的老路。

日本研制的球形侦察无人机

（三）我国台湾地区

我国台湾地区在采购美国无人机的同时，积极发展自己的无人机技术。目前，正在研制长航时无人侦察机、无人舰载机、隐形无人机，其中比较典型的是由中山科学研究院研发的“锐鸢”无人机。该型无人机2011年获得预算开始量产，陆军还成立下辖三个中队的战术无人机大队，准备接收该无人机。该机长5.3米、翼展8.7米，飞行高度4600米，滞空时间12小时，最大航速170千米/小时，最大有效载荷73千克，具有全天时侦察搜索能力。该型无人机利用跑道起降，具备“长滞空飞行”、“全球定位导航”、“即时图像传输”等多种能力。获取图像后，由地面控制站即时传回作战中心。装备部队后，将主要配备台湾各作战区域执行情报侦察搜索、战场监控、目标搜寻定位、通信中继等任务，以满足地面部队需求。

第二章

群星闪耀

——无人机家族的名星成员

从世界无人机的发展情况可知，在20世纪60年代以后，无人机逐渐受到世界各国的重视，几十年来无人飞行技术发展较快，在一些关键领域取得了突破，并在无人机发展中大量应用。无人机种类日益丰富，涉及无人侦察机、无人战斗机和无人直升机等涵盖战争不同任务要素的多种机型，并在实践中大量使用。“全球鹰”、“捕食者”、“苍鹭”、“搜索者”等无人机在近几场局部战争中广泛运用，在情报搜集、空中支援作战行动中发挥了不可替代的作用。美国等航空大国注重发展无人战斗机技术，先后研制了X-47B、“神经元”、“雷神”等机型，无人战斗机集中体现了无人机领域的最新科技，正逐步改变现代空战的面貌。无人直升机、无人飞艇因其操控简单、使用方便、费效比低等优点也得到了各国的广泛重视，成为战场上不可替代的作战兵器。

长航时无人侦察机

长航时无人侦察机是一种飞行时间长，能昼夜持续进行空中探测和侦察任务的无人机。目前世界高空型长航时无人机多数飞行高度在18000 米以上，续航时间不少于 24 小时。中空型长航时无人机通常飞行高度几千米，续航时间不少于 12 小时。由于这类无人机的飞行时间特别长，常被称作“大气层人造卫星”，已成为无人战略侦察机的主要发展趋势，是未来战争侦察卫星的重要补充和增强手段。

作为世界上最早研制长航时无人机的国家，早在 20 世纪 70 年代初美国就开始研制 YQM-98A 和 YQM-94AB-GULL 高空型长航时无人机和 L450F、845A 型中空型长航时无人机。近 30 年来，美国一直在发展这类无人机，至今已研制和正在研制的长航时无人机至少有25 种。为了提高无人机的飞行时间和飞行高度，美国除了研制涡轮增压活塞发动机、转子发动机和涡轮风扇发动机为动力的长航时无人机外，还在研制太阳能动力平台。例如 80 年代研制的 SOLAR HAPP 和“探路者”，已取得了相当成绩。太阳能动力平台的研制成功，将使高空型长航时无人机的飞行时间由几十小时，增到几个月，甚至一年。飞行高度由 18000 米，增到 25000 米，甚至 30000 米。上世纪 90 年代美国开始研制“全球鹰”、“掠夺者”和“暗星”等新型无人机。“全球鹰”是高空长航时无人机。“掠夺者”是中空型长航时无人机。“暗星”是近年来美国秘密研制的隐身无人机，它采用翼身融合体外形，大展弦比机翼，并采用全复合材料，全胶接新工艺。

除美国之外，欧盟、以色列和加拿大等国家也很重视长航时无人机的发展。加拿大通信研究中心 80 年代开始研制微波能动力平台 SHARP，该飞机下表面装有 50000 根印刷电路天线，用以接收来自地面抛物面天线发射的微波能，把微波能转变为电能，供机载电动机用。该机续航时间为 6—12 个月。以色列也在 90 年代研制出“狩猎者”、“苍鹭”、“探索者”、“冲击”和 HER-MES450 等中空型长航时无人机。

知名度最高的无人机——美国的“全球鹰”无人机

一提起无人机，很多人首先想到的都会是大名鼎鼎的美国“全球鹰”无人机。“全球鹰”是一种飞行高度高、滞空时间长的无人机。主要用于低威胁地区的侦察、照相作业，特别适用于执行战略侦察、通信中继和电子干扰任务。由美国泰莱达因·瑞安航空设备公司设计制造。该机翼展 33.5 米，机长 12.7 米。巡航飞行高度在 18000 米以上，航程可达 26000 千米，续航时间达 42 小时，可在距基地 5500 千米的地区对目标连续侦察 24 小时，单机价格约为 2500 万美元。“全球鹰”无人机自 1998 年 2 月首飞以来，完成了很多个壮举。2001 年 4 月 22 日“全球鹰”完成了从美国到澳大利亚的越洋飞行壮举，即使是有人驾驶飞机也只有其中少数能够跨越太平洋，这是无人机首次完成这样的壮举。飞行距离远也使得“全球鹰”可以逗留在某个目标上空长达 42 个小时，以便连续不断地进行监视。2001 年 4 月进行的一次飞行试验中，“全球鹰”达到了 19850 米的飞行高度，并打破了喷气动力无人机续航 31.5 个小时的任务飞行纪录。

资料链接：“全球鹰”的研制

全球鹰的研制最初由国防先进研究项目处管理，1998 年 10 月转由怀特·帕特森空军基地的空军系统计划办公室接管。“全球鹰”的研制计划分为三部分：设计，研制与试验，部署和评估。

“全球鹰”于1998年2月首飞，在全球鹰研制计划执行期内完成了58个起降，共719.4小时飞行。2000年6月“全球鹰”完成部署和评估，一个完整的“全球鹰”系统首次部署到了爱德华兹空军基地。

“全球鹰”无人机的高知名度还与其在战场上的出色表现有关，“全球鹰”自诞生之日起，美军参与的每一次作战行动都会有它的身影，近几次局部战争中，“全球鹰”提供了大量有价值的情报信息，其正逐步代替有人侦察机成为美军空中侦察情报的主要来源。“全球鹰”实时成像分辨率高，覆盖区域大，有效载荷为900千克，机上装有合成孔径雷达、光电摄像机、红外成像仪及数字通信设备等。

合成孔径雷达作用距离20千米—200千米，广域搜索时，合成孔径雷达在一天之内可监视1374平方千米的范围。图像分辨率为0.9米，可分辨出小汽车和卡车等。在以点模方式工作时，可对1900个约2×2平方千米大小的地区实施详查，图像分辨率为0.3米，具备发现移动目标的能力，光电摄像机的工作波段为0.5微米—1微米，图像分辨率接近照相底片的水平。红外成像仪的工作波段为3微米—5微米，可发现伪装的目标，区分静止目标和移动目标。图像传输采用卫星通信或微波接力线路，以50兆比特/秒的传输速率将信息实时传送给地面站，在发送给战区或战场指挥中心，为指挥官进行决策或战场毁伤评估提供高价值信息。同时，为提高“全球鹰”的生存能力，机上还装有一套自我保护装备，包括干扰机、诱饵和雷达警戒接收机。每架“全球鹰”无人机可携带3—4个拖曳式诱饵。干扰机可在两个频段上工作，既可对付敌方低频雷达与导弹，又可对付像俄

美国“全球鹰”无人机

制 SA-10 和 SA-12 等新型武器。

滞空时间最长的无人机——美国“捕食者”无人机

目前滞空时间最长的无人机，当数美国的“捕食者”无人机。该机是美国通用电子航空系统公司研制的中空长航时无人机。它主要用于小区域或山谷地区的侦察监视工作。

“捕食者”无人机的动力装置为 63.4 千瓦的四缸两冲程活塞式发动机。其最大的特点是可以长时间在空中巡航。最大续航时间可达 60 小时，最大活动半径为 3700 千米，实际升限 7620 米。巡航速度 148 千米/小时，最大速度 240 千米/小时。该机有效载荷为 204 千克，机上装有合成孔径雷达、光电摄像机、红外成像仪、GPS 与惯导复合导航系统和通信设备等。其中，合成孔径雷达为 KU 波段，功率 1 千瓦，在 4000 米高空和 6.6 千米远的分辨率为 0.3 米，当与军用码 GPS 接收机连通时，可以给出每张图像的中心坐标，圆公算偏差为 0.25 米，可精确确定目标的位置。红外成像仪采用 512×512 单元铂硅凝视阵列，工作波段为 3 微米—5 微米。光电设备包括一台可放大 10 倍的变焦距彩色电视摄像机、焦距 900 毫米的彩色电视摄像机和作用距离为 10 千米的饵玻璃护目激光测距仪。此外，机上还装有 G/H 波段视距通信数据链路以及特高频段和 KU 波段卫星通信链路。“捕食者”无人侦察机现处于生产和部署阶段。1995 年，美军曾把“捕食者”无人侦察机部署到阿尔巴尼亚，以支持波黑维和行动，但 2 架失踪、1 架被击落、1 架发动机发生故障。2003 年以来，美军把改进后的“捕食者”无人侦察机部署到伊拉克的军事行动，实战使用效果很好，已达到能发现地面建筑物的门牌号码水平。

阿布扎比航展上的“捕食者”无人机

资料链接：“捕食者”的实战表现

“捕食者”无人机自1996年在波斯尼亚维和行动中投入使用以来，几乎美军参与的所有局部战争中都有它的身影。在科索沃“捕食者”出动了50余架次，发回了大量高价值的图片情报。2001年10月，在阿富汗的作战行动中，“捕食者”首次在实战中发射导弹摧毁了一辆塔利班坦克，标志着无人机只担负单一侦察任务时代的结束。2003年3月，“捕食者”开始携带两枚AGM-114K“地狱火”Ⅱ激光制导反坦克导弹，执行摧毁伊拉克的ZSU-23-4自行高射炮的任务。北约2011年4月23日在一份声明中说，格林尼治时间11时左右，美军一架无人机介入后，利比亚西部城市米苏拉塔附近一处多管火箭发射装置遭摧毁。自“捕食者”无人机投入使用至今，美空军已损失了20多架。

目前“捕食者”无人机已由最初单一型号的RQ-1（具备侦察、监视和目标指示能力）发展成为MQ-1B（具备攻击能力、可挂载2枚导弹）和MQ-9A（各方面性能均有大幅度提高，能携带6-14枚多种制导武器）等无人机类型。从最初的长航时全程战场实时监控无人机，发展到有史以来首架在实战中取得战果的侦察、攻击无人机，再到今天航空史上首个真正意义的“无人攻击机中队”，“捕食者”创下了无人机发展史上一个又一个“第一”和“首次”。除了美国空军、海军、陆军和中央情报局，甚至就连美国国家航空宇航局（NASA）也订购了“捕食者”的改进型。

隐身性能最好的无人机——美国“暗星”无人机

暗星，在天文学中是由暗物质组成的一种天体，暗物质是一种看不见的物质，科学家利用各种手段想找寻“暗星”的踪迹，但始终无法发现它。“暗星”无人机是一种高空、隐身无人机，可在高度受保护的地区进行侦察。寓意其会像宇宙中的“暗星”一样来去无踪，神出鬼没。

“暗星”无人机的主要承包商是美国的洛克希德·马丁公司和波音飞机公司。在总体上，“暗星”无人机采用隐身能力很强的无尾式翼身融合体设计。机翼的平面形状基本为矩形，前缘后掠角 4.5 度，后缘掠角 0.5 度。翼展 21 米，机长 4.57 米，机高 1.52 米。机身前后扁平，中间隆起。动力装置为 1 台威廉斯公司与他国合作研制的 FJ-44 涡轮风扇发动机，机头上方圆洞为发动机进气口，尾喷口位于后机身下部。最大重量 3900 千克。飞行速度 540 千米/小时。最大飞行高度 15000 米。能对 50000 平方千米的地区进行 8 小时的搜索。携带合成孔径雷达或光电载荷进行搜索时分辨率达 1 米，进行识别时分辨率达 0.3 米，单机可截获目标 600 个。主要飞行控制系统是霍尼韦尔公司生产的综合飞行控制设备、惯性测量装置、全球定位和惯性导航系统。

“暗星”无人机虽然不像他的兄弟成员“全球鹰”无人机那样家喻户晓，但它却能完成大量“全球鹰”无法完成的任务。它具备超强的隐身能力，可以自由出入各种高度危险的区域，探测高价值情报。由于近期发生的几场局部战争，都是美国占绝对优势的“非对称”战争，“暗星”无人机几乎派不上用场，因此关于它的相关报道也很少。人们对“暗星”无人机的了解就像它的名字那样充满了神秘感。

性价比最高的无人机——以色列“苍鹭”无人机

“苍鹭”是以色列飞机工业公司马拉特子公司研制的大型中空战略长航时无人机，属第三代无人机，主要用于实时监视、电子侦察和干扰、通信中继和海上巡逻等任务。“苍鹭”被欧美航空评论家视为“科技奇迹”，别有特色地运用了新型材料、信息技术和计算机技术，采用石墨合成树脂制成的别样机身结构，其中加入成分不明的物质，以适应温热的海洋气候，还能降低敌雷达探测能力，采用功率 85 马力的 4 缸 4 冲程活塞发动机，配两叶螺旋桨，直径 1.5 米，起落不需要特铺跑道，只需要几百米长的平坦地面。“苍鹭”使用的合成孔径雷达，比美 U-2 侦察机上的雷达优越。它不受恶劣天气的影响，能“看透”云层或雨滴，可用于点目标或大区域的侦察照相。“苍鹭”可以在空中处理大部分的资料，在 4500 米高空飞行时，仍能获取很小的点目标的清晰画面。“苍鹭”可自主飞行，它新添了甚高频与 Ku 频段卫星数据链使其具备了视线外的侦察能力，可将图像立即传送到世界的每个角落。我们很难想象具有如此强大性能的“苍鹭”无人机的造价才 800 万美元，比有人战斗机便宜多了，它当之无愧的被称为性价比最高的无人机。

“苍鹭”无人侦察机可携带光电、红外和雷达等侦察设备进行搜索、探测和目标识别，进行电子战和海上作战，机上的大型监视雷达可同时跟踪 32 个目标。“苍鹭”还可装备昼夜工作的各种单个和多个任务载荷，能同时执行多种任务。该机的动力装置为四冲程活塞发动机。采用可收放式起落架，轮式起降。“苍鹭”最大起飞重量 1100 千克，最大任务载荷重量 250 千克，最大燃油重量 430 千克，有效载荷（燃油加载荷）500 千克，翼展 16.6 米，机长 8.5 米，机高 2.3 米。实用升限 8075 米、待机高度 6100 米。在 6100 米上的最大巡航速度 231 千米/小时，待机速度 130 千米/小时—148 千米/小时，在 150 千米外巡逻时的留空时间为 35 小时，在 500 千米外巡逻时的留空时间

30 小时，最大续航时间为 50 小时。数据实时传输距离在有中继时可达 1000 千米。

机型最庞大的无人机——以色列“埃坦”无人机

以色列的“埃坦”无人机堪称无人机中的巨无霸。它是目前军队装备的最为庞大的无人机，机身长 14 米，翼展达到 26 米，这与波音 737 客机相当，比美制“全球鹰”还要大很多。与现役“苍鹭”无人机相比，“埃坦”无人机的总体布局基本相似。它采用了大展弦比的上单翼布局，机翼采用了全翼展开缝襟翼。双尾撑上装有略微内倾的垂直尾翼，之间通过水平尾翼相连接，垂尾上装有方向舵。此外，该机采用了全复合材料机身和可收放的起落架。

以色列“埃坦”无人机

凭借着巨大的翼展和4650千克的起飞重量，“埃坦”无人机的续航时间可以超过30小时，在配备卫星通信设备后，作战半径超过1000千米。它采用了三余度的飞行控制系统，可以实现自主起飞和着陆，并且能够在城市上空安全飞行。因此，地面操作员可以更多地集中于执行任务，无需操纵无人机的飞行。另一个明显不同之处在于，“埃坦”无人机在机身后部采用了一台PT6A-67涡桨发动机和4叶螺旋桨，功率1200马力，远远高于“苍鹭”无人机的Rotax914活塞式发动机的100马力。因此，“埃坦”无人机的飞行速度超过了370千米/小时。而且，涡桨发动机具有较好的高空性能，使“埃坦”的飞行高度达到13700米，从而可以在民航客机的空域上方飞行，有效地避免了航线之间的冲突。2008年，“埃坦”无人机已经创造了飞行高度12190米的纪录，最终目标将达到15240米。“埃坦”凭借这一出色性能可以远离地对空威胁，增加自身的生存能力。

出于保密的原因，以色列空军从未公开“埃坦”配置的具体任务载荷。只是透露该机在最大燃油容量的情况下，可以携带有效载荷1000千克。此前，以色列IA工业公司曾经展示了“埃坦”所携带的多传感器设备，包括昼夜光电载荷、电子和通信情报、海上巡逻与合成孔径雷达、一些电子战系统，表示可以根据作战任务的需要配备多种任务载荷。

性能最卓越的中空长航时无人机——以色列“赫尔姆斯”无人机

“赫尔姆斯”在希伯莱语中意为竞技神，竞技神是以色列人仰慕的古代的常胜武神。以色列将其研制的无人机命名为“赫尔姆斯”，其中寄托着以色列人“武技居先”的理想。“赫尔姆斯”无人机是当今性能最卓越的中空长航时无人机。该无人机的机体完全由复合材料制成，采用英国 UEL 公司制造的 38KW AR741 型旋转活塞发动机。它采用全自动化设计，能够全自动飞行，仅要求一名操作员操纵它的机载设备包括光电、红外和激光照射器、合成孔径雷达、地面活动目标指示器等，还装有卫星通信数据链路。“赫尔姆斯”无人机的卓越性能在伊拉克和阿富汗战场上得到了充分体现，以故障率低，搜集情报信息能力强而出名。美国多次购买了“赫尔姆斯”无人机，同时法国、俄罗斯、印度等世界大国也引进了该机型。

“赫尔姆斯”无人机的主承包商是以色列银箭（Silver Arrow）公司。有“赫尔姆斯”450，“赫尔姆斯”1500 和“赫尔姆斯”180 三种型号。“赫尔姆斯”1500 是性能最先进的一款。“赫尔姆斯”1500 可用于获取信号及图像情报、电子对抗、通信中继、边界巡逻、污染监测等。“赫尔姆斯”1500 无人机作为“先进技术概念验证项目”。由公司和国防部联合投资研制。它比“赫尔姆斯”450 无人机外形更大，动力更强。该机于 1997 年 6 月在巴黎航展上首次亮相，1998 年初首飞，2001—2002 年进行了飞行评估。“赫尔姆斯”1500 为大展弦比上单翼机。大展弦为 V 形尾翼。带有全收放的前三点起落架；动力装置为两台 Rotax 914 型涡轮增压对置四缸发动机，两叶螺旋桨，采用常规轮式起飞和着陆。

该机的翼展 15 米，机长 9.4 米，最大任务载荷 350 千克，最大起飞重量 1500 千克，待机时速 148 千米。海平面最大爬升率为 275 米/分钟。升限 9145 米，最大平飞时速 240 千米，最大巡航时速 222 千米，续航时间约 24 小时。

最受欢迎的无人机——“搜索者”中空长航时无人机

作为中空长航时无人机中的佼佼者，“搜索者”无人机是以色列飞机工业公司研制生产的第三代无人机，也是世界各国竞相购买的明星产品。新加坡、斯里兰卡、中国的台湾地区、泰国、印度都大量购买了以色列的“搜索者”长航时无人机。“搜索者”于1990年初在亚洲航展上首次公开亮相。1991年11月推出其生产型，1992年中期开始交付以色列军队使用。基于该机型的出色性能，以军首次就订购了100多架和20多个地面控制站。该机将取代“侦察兵”无人机而成为以色列三军的制式装备。

“搜索者”无人机可用于全天候侦察，由于具有超强的战场生存能力，在失去地面控制时，可以自主返航。其在伊拉克和阿富汗战场上的出色表现为其做了一次免费的宣传，使其成为了无人机出口产品中的明星。“搜索者”无人机采用尖端的气动设计，先进的复合材料和巧妙的稳定翼及尾翼，并装备双叶推进式螺旋桨和发动机。由模块化、通用化的GCS2003型地面控制站进行遥控；新型地面控制站既能延伸无人机的突防距离，又能显示无人机飞行航线下方的三维地形图、任务细节和威胁态势；主要机载设备有电视摄像机（用于白天）和前视红外传感器（用于夜间）、电子战和电子对抗设备、诱惑设备、通信中继设备、激光目标指示或激光测距仪等。

“搜索者”包括“搜索者”Ⅰ和“搜索者”Ⅱ两种型号。“搜索者”Ⅰ为初始生产型，“搜索者”Ⅱ为改进型加长了翼展。机翼带有适度的后掠角，换装了一台AB68-1000转子发动机和直径为1.4米的二叶螺旋桨，升限增加到6100米，最大续航时间增加到18小时。

现在的“搜索者”Ⅰ能够按照MKⅡ标准升级改进。“搜索者”Ⅰ的翼展7.22米，机长5.15米，机高1.16米。最大起飞重量372千克，最大任务载荷63千克，最大燃油重量102千克，最大巡航速度194千米/小时。待机速度111千米/小时，使用升限4575米。最大续航时间14小时。

中短程无人侦察机

中短程无人侦察机是活动半径在700千米—1000千米范围内的无人机。该型无人机飞行速度多为高亚音速或超音速。它主要用于大面积快速可见光照相侦察或红外与电视摄像侦察，能够实时传输。有高空型和中低空型两种类型。目前，高空型中程无人侦察机已发展到升限30000米以上，飞行速度达到3马赫以上的水平。例如美国洛克希德公司研制的D-21/CID-21B，最大升限30500米，最大水平速度为4马赫。近年来，世界主要军事强国一方面继续在发展大型高超音速中程无人侦察机，另一方面正在发展具有超低空飞行能力的中低空中程无人侦察机。

在世界无人侦察机中，中短程无人侦察机占有相当比例，例如美国的“勇士”3000、“苍鹰”、“雌狐”、“密码”、R4E-40“天眼”、“天球”和FQM-151A“短毛猎犬”；英国的“不死鸟”、“火鸟”Ⅰ和“大鸦”202；法国的“玛尔特”MKII和“狐狸”；以色列的“侦察兵”和“先锋”；加拿大的CL-289和CL-227“哨兵”等。在这些无人机上可安装电视摄像机、前视红外装置、红外线扫描仪或激光测距、指示器等光电传感器。下面介绍几款典型的中短程无人侦察机。

名字最贴切的无人机——俄罗斯“蜜蜂”无人机

俄罗斯生产的“蜜蜂”小型战术无人侦察机可谓是名副其实的小蜜蜂。该型无人机不只外形与蜜蜂神似，其为俄罗斯军队作出的贡献更像辛勤工作的小蜜蜂。“蜜蜂”无人机自 1983 年 6 月 17 日研制成功以来，先后担任无人靶机、无人侦察机，进行过 20 多次改进，成功参加过 10 次大型演习，经受过两次车臣战争的考验，在空降兵、陆军、海军陆战队及特种部队，担负侦察、目标指示任务并发挥出重要作用。

“蜜蜂”是由俄罗斯雅可夫列夫设计局于 1982 年开始研制的一种短程实时空中监视和战术无人机。1986 年 4 月到 1989 年 9 月实施了改进计划，换装成动力更大的 P-032 发动机和引导系统，定名为“蜜蜂”-1T。此后俄罗斯对“蜜蜂”-1T 进行了多次改进。产生了一系列派生型号，其中包括“蜜蜂”IK，“蜜蜂”-IVM（无人靶机）。“蜜蜂”-2（续航时间达 4 小时，机翼略微增大，增加了轮式起落架，将履带式战车换成轮式战车，装备了更加先进的设备，如激光测距仪，电视成像和卫星导航系统等）。

“蜜蜂”-1T 无人机系统称为“队列”-P 系统，由 10 架“蜜蜂”-1T 无人侦察机，1 个发射和控制站（履带式水陆两用空降兵装甲运输车）及 1 个技术维护站组成，可装在安-12、安-70 和伊尔-76 运输机、米-26 直升机上，以伞降的方式实施空降。整个系统的工作人员为 8 人，部署时间需 20 分钟。该系统属团级战术无人机系统，于 1987 年 6 月装备空降兵部队。“蜜蜂”-IT 无人机的翼展 3.25 米，翼面积 1.83 平方米，机长 2.78 米，机高 1.1 米，最大发射重量为 138

千克，最大飞行高度 3500 米，巡航时速 120 千米，最大飞行时速 180 千米，作战半径 60 千米，续航时间达 3.5 小时，任务载荷包括一台带变焦镜头的电视摄像机或无线电干扰压制器，红外扫描仪或三光谱扫描侦察系统等。

最安静的无人机——以色列“微型”V 无人机

“微型”V 是银箭公司为以色列军队研制的一种近程战场监视无人机。该机为模块化可拆卸式全复合材料结构，装有两台推进活塞发动机。“微型”V 采用了先进的去噪声处理工艺，飞行中产生的噪声极少，甚至它在你头顶飞过，你也感觉不到它发出的噪声。该机型无起落架，采用弹射起飞，降落伞回收，任务载荷包括稳定的全天时视频摄像机。全天时 CCD 或 RCCD 摄像机，轻型前视红外设备，高分辨率测绘摄像机和软件图像稳定设备，可按用户要求配备；整套系统由 5 架无人机，1 个地面控制站，1 个地面数据终端以及地面支援设备和两名工作人员组成。

“微型”V 的翼展 3.66 米，机长 2.74 米，机高 0.573 米，空机重 27.2 千克，燃油重 10 千克，任务载荷 8.2 千克，最大发射重量 50 千克，最大平飞时速 204 千米，巡航时速 111 千米。待机时速 93 千米。海平面最大爬升率为每分钟 335 米。使用高度范围 915 米—1525 米。实用升限 4570 米，作战半径 50 千米，最大续航时间 5 小时。

步兵的空中视野——以色列“眼观察”无人机

“眼观察”是以色列飞机工业公司下属的马拉特子公司研制的小型近程战术无人机。主要为近距离、高威胁环境下的战术分队提供战场情报和炮兵火力校射、战术侦察、监视、目标指示等。该机于1993年开始研制，1994年首次试飞，1996年在新加坡的航展上首次露面。2004年在印度新德里DEFFXPO-2004国际航展上展出。

“眼观察”无人机分为A型和B型两种。它们采用轮式起飞，伞降回收，装备电视和红外复合探测设备，可实现实时数据上传和下传。“眼观察”无人机的翼展A型为4米，B型为4.7米；机长A型为2.7米，B型为3.46米；机高A型和B型均为1.35米；最大任务载荷均为15千克；最大起飞重量A型为80千克，B型为154千克；最大巡航速度均为222千米/小时，待机速度111千米/小时；使用高度均为2440米—4575米，作战半径均为50千米；续航时间：A型4小时，B型6小时。

“眼观察”无人机系统由3架无人机，1个地面指挥控制站和3—4名人员组成（1名任务控制员，2名技术支援人员）。

名字最奇特的无人机——美国“短毛猎犬”无人机

“短毛猎犬”无人侦察机是美军装备师以下作战部队最多的无人机之一。其最大的特点是可以较长时间在空中巡航。最大续航时间可达1小时—1.5小时，最大活动半径为5千米—15千米，实际升限300米—500米。巡航速度40千米/小时，最大速度80千米/小时。

该机载重量达6.5千克，能够搭载微型彩色摄像头等探测器，主要用于对战术范围内的点、线目标及障碍物后面的目标实施侦察。该机全套价格（1套地面站、3架飞机、1辆野战吉普运输车及附属设备等）6万美元。目前，此种型号的无人侦察机已装备了以色列、泰国、中国等多个国家。

最实用的小型无人机——德国“月神”无人机

“月神”无人机由德国 EMT 公司研制，供德国陆军旅级战斗部队使用。该无人机的设计充分体现了德国人严谨、实用的风格。“月神”无人机结构简单、小而轻、性价比高，同时具有全天候实时监视、侦察和定位功能。“月神”无人机是基于高性能动力滑翔机开发的，因此采用许多商用部件。该机采用大展弦比高置式上单翼，具有良好的气动效率和低速性能，为了降低油耗，机翼翼梢采用了无人机中罕见的翼梢小翼。此外，该机的水平尾翼端有向下的端板，一方面可以提高无人机的航向稳定性，另一方面也用于平衡机身前部的重量。

“月神”无人机质量约 37 千克，机长 2.2 米，翼展 4.2 米，作战半径超过 100 千米，实用升限 3500 米，最大巡航速度约为 70 千米/小时，执行任务时典型巡逻速度为 48 千米/小时，续航时间 4 小时。机上有一台 5.0 千瓦的双缸二冲程发动机。“月神”无人机应用中的最大特点，是可以在飞临或要穿越目标区时关闭发动机，转而利用大展弦比机翼优异的气动升力无动力滑翔数千米进行侦察，完成任务后飞到距敌方区域较远的距离后再重新启动发动机，再加上“月神”无人机尺寸小，机身主要由玻璃纤维环氧树脂等吸波复合材料制造，雷达信号特征低，因而具备不错的隐身性能可以隐蔽地执行侦察任务。

无人直升机

上世纪五六十年代，随着直升机在军事领域的广泛运用，直升机的作用日渐凸显。但是，有人驾驶直升机在取得辉煌战果的同时，其滞空时间短、体积较大、飞行员伤亡等问题也在不断显现。美、英等国相继开始了无人直升机方面的研究，但由于控制技术不成熟等原因使得之后 30 多年没有得到足够的重视与发展。

2013 年太平洋国际海事展中展出的无人直升机

上世纪 90 年代以来，随着微电子技术、自动控制技术、传感技术、数字通信技术和全球精确导航技术的不断发展和运用，无人直升机技术日趋成熟，使得无人直升机发展又焕发生机。无人直升机具有独特的飞行性能及使用价值。与固定翼无人机相比，无人直升机具有起飞着陆场地小、垂直起降、空中悬停、使用灵活等一系列优点，在军用民用领域有着广泛的应用前景。与有人直升机相比，无人直升机具有无人员伤亡、采购成本和维护成本低，可执行高危险任务及适合长时间工作等有人直升机不可比拟的优越性。无人直升机这些独特的飞行特点，使其在军用方面适合于在战场前沿以及舰艇等狭小的场地上起降，它既可用于完成监视和侦察任务，又能够完成目标捕获与指示、中继制导、战损评估、通信中继和电子干扰等其他任务；在民用方面，无人直升机可用于完成大气监测、资源勘探、交通监控、边防巡逻、电力线检测、森林防火、航拍等任务。

无人直升机技术发展始终围绕着两个主题：一是如何不断接近、甚至达到有人机的状态。二是如何充分利用无人所带来的技术优势。第一个主题的核心是自主飞行控制技术，也是无人直升机真正步入实际应用的前提，譬如上世纪 90 年代以前飞控技术还不成熟，这就是制约美国 QH-50 无人直升机没有获得继续应用和发展的主要原因。第二个主题使得无人直升机朝着长航时、模块化、武装型三个方向发展。

1998 年，Frontier 公司开始研制长航时无人侦察直升机“蜂鸟”A-160，2002 年实现首飞。2000 年美国诺斯罗普·格鲁门公司开始研制 RQ/MQ-8“火力侦察兵”无人直升机。首架原型机在 2001 年 11 月的一次飞行中坠毁。2003 年 3 月第二架原型机首次成功完成自主飞行。2005 年 7 月，“火力侦察兵”试射了 2 枚 70 毫米火箭弹，从而成为美国第一架无人攻击直升机，获得美国海陆军的双重青睐，计划采购 192 架。海军计划将其装备到美国濒海舰艇上协助反潜，而陆军则选中它成为“未来战斗系统”的旅级装备，协助扫雷和为指挥官提供情报。美国无人机系统路线图对无人机飞控自主水平共定义了 10 级，目前“火力侦察兵”的飞控自主水平在 3 级左右。波音公司也推出了“小鸟”无人直升机项目，在 2005 年 8 月的演示试验中，利用“小鸟”无人直升机发射了“地狱火”导弹和火箭弹，并取得成功。

2005 年 8 月，美军颁布了 2005—2030 年《无人机系统路线图》，在路线图的“概念探索无人机系统”中，共规划了7种无人飞行器，其中5种是可以垂直起降的，2种是可由水下发射的，没有常规的固定翼无人机构型。5种可垂直起降的无人飞行器中，无人直升机有3种：A-160“蜂鸟”、DP-SX、无人攻击直升机（UCAR），分别代表长航时、模块化、武装攻击无人直升机的3个发展方向。这表明美国将大力发展无人直升机。

目前国外无人直升机型号约有30多种，其构型可分为三类：单旋翼带尾桨式、共轴双旋翼式和非常规双旋翼式，使用比较成功并已装备军队使用的有日本RMAX、美国火力侦察兵、奥地利Camcopter5.1等常规构型无人直升机。加拿大CL-327的总体构型为“花生”形状，美国Cypher为“零式”形状，总体构型非常独特，但并没有真正投入使用，这主要因为非常规构型无人直升机结构复杂、成本高、可靠性低，飞行中航向稳定性较差。美国是唯一一个真正投入无人直升机作战使用的国家，除早期使用共轴式无人直升机QH-50外，其后研制的无人直升机构型大多采用常规单旋翼带尾桨式，并且从美国无人机系统路线图也可以发现，“概念探索无人机系统”中5种可垂直起降的无人飞行器中有3种是单旋翼带尾桨式无人直升机。因此，我们认为，无人垂直起降飞行器仍然将以常规单旋翼带尾桨式直升机为主要构型强劲发展，其他构型也有很大的发展空间。无人直升机将充分发挥不受载人限制的优势，完全按照任务使命来进行设计，总体布置和气动布局更加自由、结构更加紧凑，有较大的功重比和重量效率。随着自动化、信息化、网络化技术的进一步发展，无人直升机将更加智能化、易操纵，任务使命将逐步扩展，任务能力将逐渐提高。

功能最全面的无人机——美国“火力侦察兵”无人机

美军“火力侦察兵”RQ-8A/MQ-8B是美国诺斯罗普·格鲁门公司研制的一种战术无人直升机。“火力侦察兵”既可以对热点地区进行全天候侦察、监视，也可担负对地攻击、空中格斗和充当瞄准平台，在空中与战斗机进行实时数据传递，对敌人实施精确打击，又可以作为舰载机，为海面舰只保驾护航。

“火力侦察兵”无人机飞行器模型

“火力侦察兵”包括RQ-8A和MQ-8B两种型号，其中RQ-8A为验证试验型，MQ-8B为生产型，后者是前者的改型，编号第一个字母由R改为M表示不仅可承担侦察任务，还具有多用途功能。MQ-8B是由Schweitzer四桨叶民用直升机改型而成，与三桨叶RQ-

8A 型无人机相比，其动力传动系统、续航及载荷能力都有很大的提高，该机有效载荷 272 千克，最大速度约 232 千米/小时，续航时间 9 小时。此外，还加装了光电/红外传感器、合成孔径雷达以及激光测距仪，可以携载“海尔法”导弹或 70 毫米 Hydra 火箭弹等。目前 MQ-8B 已被美国陆军和海军同时采用，该机将是美国陆军未来战斗系统的组成部分，同时也是美国未来海军濒海战斗舰（Littoral Combat Ship）计划装备的三种无人平台之一。

舰船的“天眼”——德国“西莫斯”LV 无人机

“西莫斯”LV 无人机是一种专门用于海上侦察和目标捕获的舰载无人机，由德国道尼尔公司在“西莫斯”无人侦察机的基础上研制而成。2000 年进行舰载起飞、着陆和作战试验。主要配备在 K-130 小型护卫舰上（每艘 2 架无人机）。

“西莫斯”LV 为共轴反转双桨叶双旋契无人机，采用常规直升机起飞方式和着陆；动力装置为一台 313 千瓦的 250-C20W 型涡轮发动机：基本载荷为多用途海上监视雷达和前视红外仪，其他载荷包括探雷和电子对抗设备。“西莫斯”LV 的每个旋翼直径 6.1 米，机长 2.85 米，宽 1.55 米，机高 2.50 米，空机重 620 千克，最大任务载荷 150 千克，最大起飞重量 1060 千克，最大平飞时速 167 千米，巡航时速 130 千米，海平面最大爬升率为 600 米/分钟，升限 4000 米，可控距离 120 千米，任务留空时间 2 小时，最大续航时间大于 4 小时。

形状最奇特的无人机——俄罗斯卡-137 无人直升机

卡-137 小型双旋翼无人直升机，是俄罗斯卡莫夫设计局在卡-37

无人驾驶直升机的基础上发展而来，用于执行军事侦察、电子对抗、通信中继、辐射和生化探测、边境巡逻等任务。卡-137以体积小和操作灵活受到部队的欢迎。俄罗斯海军也发现了它的突出特点，认为它很适合配备到小型水面舰艇甚至是潜艇上，它在这些平台上也很有发展潜力。卡-137是俄罗斯卡莫夫直升机科学技术联合体研制的一种多用途无人直升机，1994年开始研制，1995年完成草图设计，1999年定型投产并开始装备俄罗斯陆军和边防部队。

初看卡-137，如果你忽略了旋翼，可能会把它当作卫星。它的球形机体堪称世界无人机中的一怪。然而，卡-137的“心脏”和当家武器却都在这球形体内。它的球形机体分上下两个功能部分。上部装“心脏”，有一台Hirth（birth）2706R05型双冲程活塞式发动机，功率48.5千瓦，还有燃油、控制系统及测高仪和卫星导航系统。这里的一套自动飞行数字控制系统和机载惯性卫星导航系统确保卡-137能够完成许多复杂的自动飞行任务。下半部装置任务系统，根据用途和任务放置有效载荷和各种传感器，如电视或红外摄像系统、无线电定位装置和信号传送装置等。它总共可携带80千克有效载荷。

卡-137采用共轴双旋翼结构和四腿起落架。它的旋翼直径5.3米，球形机身最大直径1.3米，机高2.3米，空重200千克，最大起飞重量280千克。卡-137无人机和PPU-137地面机动控制站及运载车构成了MBVK-137无人机系统。机体具有电磁屏蔽和防腐蚀功能，又能防高强度辐射，也是卡-137的特点。它可舰船操作，可完全自主飞行，自动导航在60米精度之内。它的最大飞行速度175千米/小时，巡航速度145千米/小时，悬停升限2900米，最大升限5000米，最大航程530千米，续航时间4小时。

“嫁接”出来的产品——美国“火力-X”无人机

“火力-X”无人直升机的诞生是借了 MQ-8“火力侦察兵”无人直升机的一臂之力。2010 年 6 月，美国海军发布了一份征订书，希望能够采购更为先进的海上无人侦察机。之后，美国超级军火业巨头诺斯罗普·格鲁曼公司看准这一机会一举提出将该公司研制的 MQ-8“火力侦察兵”无人侦察直升机与贝尔公司设计制造的 407 型直升机进行“嫁接”，利用 MQ-8 无人直升机技术，以 407 型直升机为基本构架，生产建造新型海上无人侦察直升机——“火力-X”，考虑到“火力侦察兵”无人机和“贝尔”407 直升机技术都已非常成熟，而且成本还是较为低廉，美国海军随即宣布诺斯罗普·格鲁曼公司公布的这个项目中标。

既然“火力-X”是嫁接产品，就可以从其“根”、“茎”和“叶”看出渊源。首先，他的“根”和“茎”就是“贝尔”407 型直升机，这种飞机的最大航程为 675 千米，巡航速度 250 千米/小时，最大起飞重量 2270 千克。该机具有机身形态适中、飞行灵活等特点，非常适合用于执行海上侦察监视、医疗救助、海上救灾作业、航拍等任务。如果对这种设计的直升机稍加改动，就可以满足在舰艇上部署的需要。

“叶”就是机载设备，MQ-8 无人机配备的机载设备绝大部分都可应用于“火力-X”。目前 MQ-8 与“贝尔”407 直升机共同使用的机载设备包括：ARC 型通用无线电设备、先进战术数据链、GPS 全球定位系统和空中网络服务器、雷达测高计、敌我识别系统、环境控制系统、语音数字化模块、2 部超高频天线、1 部无人机通用自动回收天线、2 部战术数据链天线、2 部 GPS 全球定位系统天线。

无人战斗机

无人战斗机（UCAV）是集探测、识别决断和作战功能为一体的无人机系统，可对空、对地、对海作战。它具有无人驾驶、可自主控制或遥控、可回收、可重复使用的特征。UCAV 概念出现于 20 世纪 90 年代中期，它是现代政治、军事需求与科学技术发展到信息时代的产物，是在无人机、有人作战飞机基础上向更高技术和更高作战能力方向深入发展的一种全新武器系统。作为信息化武器装备的产物，无人战斗机已经成为世界军事强国继第四代战斗机之后下一代战斗机的发展方向。

无人战斗机作为无人机技术发展和应用范围扩展的合理结果，必然有不同于传统攻击系统的技术特点。与传统的攻击型飞机相比，无人战斗机的技术特点在于“无人”，而与常规巡航导弹相比，无人战斗机则突出它的“飞机”特性。

无人战斗机与飞机相比，由于没有飞行员，可以省去座舱和生命保障系统，使飞行器的尺寸减小，因此具有更好的气动和隐身性能。

无人战斗机还大大放宽了飞机设计的一些限制，如飞机发动机的位置可以更加合理，飞机的机动过载因数可以更高。就目前的飞机设计制造技术来讲，可以制造出过载极限高达 20G 的高机动飞机，但由于人的生理极限的限制，有人驾驶飞机是无法实现的。

由于无人战斗机不需要考虑人的生命保障因素，使得其费用和复杂性大大降低。能像导弹一样储存，不用时放在机库里，作战时拉出使用，在和平时期的训练成本也很低，与常规飞机相比，使用维护成本可节约达50%之多。它的轰炸成本较低，应该低于远距离发射巡航导弹或超视距空空导弹的费用。在现代战争中，轰炸成本也是一个需要考虑的因素，美国的B-2隐身轰炸机在海外没有基地，每次轰炸都是从美国本土起飞，经过长途跋涉，完成轰炸任务后立即返回美国本土，由此造成其轰炸成本很高。在2001年底的阿富汗战争中，B-2轰炸机只使用了3天就全部停飞，其中一个原因就是轰炸费用太高。使用无人战斗机轰炸敌方重点守卫的目标，具有很高的费用效益。

无人战斗机与导弹的根本区别是能多次重复使用，可以回收或自动着陆，它的杀伤能力来自另外携带的武器而不是自己本身。就作战灵活性而言，无人战斗机与导弹相比有明显的优势，它的控制人员可在发射武器前的一瞬间处理意外情况，例如，停止发射或改打更有价值的目标。而导弹一旦发射出去，在它飞行过程中无法中止或更改其任务。

舰载无人战斗机——X-47B

2000年6月30日，美国国防预先研究计划局（DARPA）和海军启动了海军舰载无人战斗机（UCAV-N）先进技术项目（ATP）——X-47验证机。X-47分A、B两种型号。2001年，海军授予诺斯罗普·格鲁曼公司合同，为其研制UCAV验证机X-47A。X-47A的设计考虑包括具有腐蚀性的海水环境、发射和回收甲板处理、与指挥控制系统集成及航母强电磁干扰工作环境。该机于2003年进行了首次试飞，成功验证了舰载无人战斗机的技术可行性。但X-47A项目于2006年1月终止。

2007年8月，美海军选中诺斯罗普·格鲁曼公司的X-47B作为海军UCAS-D项目的验证机，用于验证无人机在航母上从起飞到着舰的舰载适应性能力和与航母的接口，探索一些复杂技术，并帮助海军确定未来正式型号的技术要求，包括使用成本合同首期拨款 6.38 亿美元（整个项目经费达 12 亿美元），期限为 6 年。2013 年 5 月，X-47B 在“乔治·布什”号航空母舰上成功完成了试飞。

X-47B 采用弯曲的进气口，并在机翼折叠处设计了一个连接件，既可产生一个光滑的导电表面，维持飞机蒙皮的导电连续性，又避免了恶化飞机的信号特征。由于采用了飞翼气动外形设计，因而可对所有雷达波段的宽频带提供低可观察性保护，不仅可规避高频率探测器（反飞机雷达和地空、空空导弹等），而且也能规避低频率发射器（远程搜索雷达）。第二架样机采用了 S 形排气喷管和减少红外特征的新材料以及新的表面保护涂层等。

资料链接：美舰载机型号

F-14“雄猫”战斗机、F/A-18“大黄蜂”战斗机、A-7E“海盗”攻击机、A-6E“入侵者”攻击机、S-3B“北欧海盗”反潜机、SH-60B“海鹰”直升机、SH-60F“大洋鹰”直升机、HH-60H“海鹰”直升机、C-2A 运输机、ES-3A“影子”侦察机、E-2C“鹰眼”预警机、EA-6B“徘徊者”电子战飞机。自 20 世纪 90 年代以来，A-6E、A-7E、F-14 正逐步被 F/A-18 战斗机所代替，老的 F/A-18C 也换装为 F/A-18E/F。E/A-6B 未来将被 E/A-18 也就是 F/A-18E/F 的电子战型所代替。S-3B 逐渐转为加油机使用，反潜任务则由 SH-60B/F 代替。未来还会装备 AH-1Z“超级眼镜蛇”攻击直升机，UH-1Y“超级休伊”直升机，RQ-8“火力侦察兵”无人直升机，F-35“联合攻击战斗机”，X-47B，X-50 两种无人机正在研制中，未来将装备海军。未来舰载机将实现有人机与无人机混合编队。

X-47B 的最大使用高度在 13 千米，但它需要经常低空飞行执行任务，所以不能将红外和其他光电传感器嵌人机腹下面，其机腹呈向

X-47B 无人战斗机在杜鲁门号航母甲板上

下突出的独木舟形状，以便设置能探测前向目标的孔径。研究人员考虑在飞翼前后缘填满天线，用于收集信号和电子信息，同时考虑安装一套电扫雷达天线，甚至以后用共形天线阵作为飞机蒙皮的一部分。传感器一体化设计的空气动力外形设计要优先于低可观察性的外形设计，以确保它在航母上自主起降，这比其无线电频率或红外隐身来说更为重要。X-47B 的作战半径是 2778 千米，其机载传感系统具有探测敌方导弹和识别地面目标的功能，机载计算机具有自主跟踪、攻击的决断能力。它还具有独特的通信和遥控方式，其性能和战场生存能力能够满足联合网络作战的要求，为美军执行全天候的作战任务提供作战支持。另外，X-47B 还能进行空中加油，以提高战场覆盖能力和进行远程飞行。

英伦无人战斗机——“雷神”

早在20世纪80年代末，英国国防部就着眼于未来替换“狂风”攻击机的潜在需求，与BAE系统公司联合启动了一项“未来攻击机”（FOA）计划，旨在研制一种具备纵深攻击能力的多用途战斗机。为此，BAE系统公司的军用飞机分部在位于英格兰北部的沃顿基地投入大量资金，先后建成了全尺寸飞机的雷达截面测试室等有关隐身技术的研究设施，专门从事雷达和红外技术方面的研究，为FOA计划提供技术支持。自2000年开始，英国国防部将FOA计划定义为无人战斗机计划，为了凸显这项计划的地位和作用，英国国防部借用了凯尔特神话中的Taranis一词，将这项计划命名为“雷神”计划，以期望未来发展出一种堪比“火神”轰炸机的全新无人攻击平台。

从整个计划进展来看，“雷神”验证机的研制过程还比较顺利。2007年11月20日，BAE系统公司在沃顿工厂举行了机体加工启动仪式，标志着“雷神”验证机正式进入到制造阶段。紧接着，该公司在下属的特种工程复合材料工厂内，开始利用先进的纤维铺设技术来制造进气道的后段部分。2009年2月，“雷神”验证机首次通电，一些电子系统开始经受地面测试。研制团队表示，这些测试证明了设计工作的成功，但也证实了“功率余量”的可利用性设计需要进一步调整。从作战使用方面考虑，BAE系统公司一再强调英国空军的UCA、应具备跨大洲攻击的能力。因此，“雷神”验证机采用了飞翼式布局，不仅具有较快的飞行速度，承担突破防空系统的任务，同时可以充分利用机内空间来装载大量的燃料，实现洲际间飞行。

该机采用了大后掠前缘的翼身融合体布局，可以充分利用空气动力，实现更大的续航能力，从而实现气动性能和隐身性能的最佳优化。它的总体尺寸与BAE系统公司生产的“鹰”式高级教练机相当，翼展约为10米，机长约为12米，起飞重量超过8吨。

无尾布局设计不仅可以明显降低飞行阻力，在所装燃油量一定的情况下可大大增加飞机的航程，而且省去了相关的结构材料和操纵机构，使结构重量显著减轻。但是，无尾布局方案要实现航向稳定性和偏航控制，需要电传飞控系统对各个操纵面进行综合控制。在总体构型设计上，“雷神”验证机重点突出了隐身性能。它的前机身为菱形截面，自然流畅地过渡到后机身的扁平截面，机身和机翼的后缘分别对应平行于前缘，在确保气动性能的前提下，更好地满足了低可探测性的需要。BAE系统公司更加注重细节设计，在重点突出了隐身性能的同时，也面临着相当大的挑战。首先，研制人员必须解决好进气道和发动机一体化的信号特征问题。从公布的图片来看，设计人员很好地解决了这一难题。在推进系统方面，“雷神”验证机沿用了三角形进气口，进气道明显隆起，目的是有效地保证动力装置所需的空气流量。它采用了“海狸尾”式的排气装置，将发动机的尾喷管完全包裹在机体内，达到同时减小雷达与红外信号的目的。

欧洲合力打造的无人战斗机——“神经元”

“神经元”无人机是法国推出的一款新型无人战斗机，广泛采用了新材料、自主决策、低可探测性、计算机和航空电子等技术，为了适应网络中心战和未来空战的需要而研制的。“神经元”的研制由法国达索公司联合英国、瑞典、希腊、意大利、西班牙和瑞士等国的航空航天公司联合研制。“神经元”的翼展约10米，空重4500千克，起飞重量6000千克，最大速度为0.7—0.8马赫。“神经元”无人机的后缘呈M形状，通过电传飞控系统对机翼后缘的4个操纵面进行综合控制，以实现航向稳定性和偏航控制。据达索公司公布的数据，该机的机长约9.3米，翼展约12.5米，全机重量约6吨，最大飞行速度可以达到0.8马赫。粗略来看，“神经元”无人机的尺寸与F-16战斗机相当，但是小于F-117A战斗机。

似曾相识是“神经元”无人机给外界的第一印象。的确，近年来随着X-47B和“鬼怪鳃”等无人机的陆续试飞，飞翼布局已经成为各家公司设计UCAV的一个共识。原因在于，这种布局可以顺其自然地充分利用空气动力，从而实现气动性能和隐身性能的最佳优化，是一个非常接近于完美的设计形状。而且，飞翼布局不仅可以明显降低飞行阻力，在所装燃油量一定的条件下，能大大增加飞机的航程，而且省去了相关的结构材料和操纵机构，使结构重量显著减轻。此前，达索飞机公司和瑞典萨伯公司曾经分别研究过低可探测性的构型和材料，一部分成果已经用于改进现役“阵风”和“鹰狮”战斗机。因此在实施“神经元”计划过程中，除了采用飞翼布局外，也注重了相关细节设计。为了更好地降低雷达反射截面积，“神经元”无人机采用了雷达吸波材料制成的埋入式进气道，机身前部正上方设计有一个宽大的进气口，空气通过S形进气道流入到机身内部。进气口上缘采用锯齿形结构，可以破坏雷达回波，下缘内部采用附面层隔板，能够有效吸除机身前部产生的附面层气流，避免影响发动机的性能。从事机体和发动机设计的研制队伍密切合作，利用进气道畸变格栅来模拟空气流量对进气道的影响，先后完成了一系列风洞试验，以确保用于遮蔽涡扇发动机风扇的S形进气道不会影响发动机所需的空气流量。抑制红外辐射也成为一个主要技术项目，该机在尾部采用了埋入式排气装置，通过专门的燃气冷却装置来降低红外辐射。由于复合材料的制造成本过于昂贵，希腊 HAI 公司制造了一个全尺寸合金排气部件，从圆环形进口逐渐过渡到底部平坦的半椭圆形出口，前面是连接发动机的尾喷口，后面是适合验证机的“海狸尾”式排气口。

根据设计原则，“神经元”无人机的发动机将采用经过广泛使用的现有型号。初期评估时，达索飞机公司考虑过采用两台斯奈克玛公司生产的“拉扎克”（Larzac）涡扇发动机，但经过全面分析和论证后，最终决定采用一台“阿杜尔”系列发动机。2006 年 10 月，达索飞机公司从罗·罗公司与透博梅卡公司的合资企业 RRTM 公司订购了“阿杜尔”Mk951 发动机，并签订了相关保障合同。该型发动机是“阿杜尔”871 发动机的衍生型，主要改进之处包括：设计了新型风扇，可提供更大的推力，涡轮部件采用更好的材料以提高耐久性，不仅推力增加了 8%，达到 29 千牛，还降低了寿命周期成本。同时，该发动机采用了全权限数字式发动机调节（FADEC ），具有喘振预防、自动控制和恢复的功能。

我国的无人战斗机——“利剑”

随着美国 X-47B 无人战斗机在“布什”号航母上完成了首次弹射起飞成功。无人战斗机一下子成了媒体关注的焦点。国内外媒体频繁报道中国一种被称为“利剑”的隐身无人机开始地面测试的消息，该机被称为继美国 X-47B、英国“雷神”、欧洲“神经元”之后第四型隐身无人机。

根据公布的资料及照片，“利剑”采用无尾飞翼式布局，进气道位于机身前部上侧面，进气口外无遮挡，采用前三点式起落架，前起落架向前收入机鼻位置，主起落架位于机身中部后方能向前收起；机身前部有 2 个空速管，前机身顶部有大型天线罩，但深度较浅，机身从喷管两侧向后收缩，形成两个三角形结构；机翼前缘无扭转，顶端有向内收缩的切角，且后缘外侧向上翘起扭转明显，机翼后缘外侧有对开式阻力方向舵。“利剑”外形布局采用翼身融合的飞翼无尾布局，相对于通常的飞机，“利剑”机翼和机身浑然一体，机身采用复合材料制造，机腹弹舱也经过特殊设计。这些特点，使得“利剑”的雷达反射信号特征非常低。这种隐身性能，使得它可以对敌后纵深高价值地面目标进行精确打击，一击毙命。

国产小型“信天翁”无人机

长虹-3 型中远程无人驾驶机模型

无人飞艇

无人飞艇与无人机有很多相似之处，无人飞艇在现代战争中的作用越来越明显，它其实就是安装了动力和控制装置的气球。现在一提起航空，人们马上就会想到飞机，至于航空史还曾有过一个飞艇时代，恐怕就已被人遗忘了。飞艇可谓是航空界的“恐龙”了，它有过自己的鼎盛时期，但是自从 1937 年 5 月 6 日世界上最大的飞艇“兴登堡”号失事后，飞艇就从天空中销声匿迹了。它的历史也很少再有人提起。但是 21 世纪以来，西方发达国家又重新唤起了对飞艇技术的热情，飞艇技术东山再起，在空中运输、空中监视、边境巡逻、通信、地雷探测、反潜战、反水面战等众多军用和民用领域大显身手，尤其是集高科技与多功能于一体的现代化高空无人飞艇更是展现出了广阔的应用前景，成为世界各航空大国争先恐后发展的项目。

现在，许多无人飞艇的高度已经可以到达平流层，并进入近空间。美国、英国、德国、日本、加拿大等发达国家都在研究飞艇技术的发展和使用问题。例如，美国从节省能源的角度研究了把飞艇用于海岸巡逻和货物运输的问题。特别令人注意的是美国准备投资上亿美元建立一个以软式飞艇为核心的空中预警系统，以对付俄罗斯的巡航导弹。日本的浮力飞行协会则集中研究了利用飞艇技术开发日本山区水电资源的可能性。结果是不仅可以因此而节省 40% 的运输费用，而且更为安全可靠。另外，德国系统地研究了在南美亚马孙河流域建立一个飞艇运输网的问题，在这个水网地带，一条 500 千米的公路仅年维护费用达 500 万—700 万美元，而采用飞艇运输不仅可以省去这笔开支，还可以使运输成本降低 30%。2000 年 3 月，欧空局联合德国宇航公司、英国兰德斯特朗气球公司和荷兰代尔夫理工大学，完成了对无人飞艇方案的初步评估，主要用于通信、对地球观察、大气科学研究和天文学研究等。为此，欧空局在 2000 年—2005 年之间投资了 4500 万欧元，研制“哈尔”半硬式高空飞艇，其长度为 220 米、直径为 55 米、飞行高度为 20 千米、载荷能力为 11 吨，可长航时飞行。英国轻型飞艇集团公司研制成功的 LGA60 飞艇，可携带 1 部超宽带合成孔径雷达，在科索沃战争中，执行扫雷任务，成效显著。近年来，英国皇家海军配备了“天舟”500 和“天舟”600 飞艇，用于护航和反潜巡逻，续航时间分别为 15 小时和 45 小时。

反导保护伞——HAA 飞艇

就在美国国家导弹防御计划（NMD）大张旗鼓进行的时候，美国国防部开始寻求建造能执行反导监视任务的飞艇并发出了招标书。经过选择，美国国防部同洛克希德·马丁公司签订了建造大型高空飞艇项目（HAA）的合同。作为美国 NMD 反导保护伞的一部分，HAA 飞艇的主要作战任务就是长时间停留在美国大陆边缘地区的高空中，监视可能飞向北美大陆的弹道导弹、巡航导弹等目标。HAA 飞艇还可以在战区上空不间断地监视敌方部队的运动去向，甚至携带激光测距瞄准仪，为美军的巡航导弹及其他制导炸弹指示目标。

HAA 飞艇长 152.4 米，直径为 48.7 米，其主体结构使用的是柔韧的纤维复合材料，既轻便又坚固。其表面由高强度质量比（即所能承受的极限受力与质量的比值）织物材料覆盖，要比广泛应用于商业领域的飞艇表面材料更轻更坚固。HAA 飞艇高度自动化，其飞行控制与传统的软式飞艇十分相似，工作原理与填充了氦气的普通飞艇一样。飞艇上安装有 4 台电动机（飞艇两侧各有 2 台），为飞艇提供动力。

资料链接：英国预建空中巡航飞艇

据《每日邮报》报道，英国设计师发明了一款高耸入云，有点像风筝的新型飞艇，这也预示着空中巡航这种新的豪华运输概念的应运而生。空中巡航概念实际上是以快速、拥挤著称的喷气式客机的一个对立面。总部位于伦敦的设计创新公司打算重新思考运输这个词，要“快中求慢”。

这种新概念飞艇可以极为悠闲地将 100 人从伦敦送往纽约，而全程耗时要 37 小时，而不是现有飞机的 7 小时。空中巡航概念还以带有酒吧的复式公寓为特色，旅客甚至可以透过玻璃地板观看到令人炫目的空中景象。该公司设计总监尼克·泰伯特表示，“空中巡航飞艇概念是介于游轮和漂浮的酒店之间的新型交通工具，人们以前追求速度几乎到了疯狂的地步，与之相反的能够舒适休闲旅行的主意目前也很受欢迎。”在飞艇上会有包括两名飞行工程师在内的 6 名飞行人员，他们会在飞行途中交换操作飞行。

HAA 飞艇表面安装的薄膜光电电池组可以吸收太阳能，除了可以产生推动飞艇前进的部分动力外，还可以提供大约 10 千瓦的额外动力以保证飞艇搭载设备的正常使用。

另外，HAA 飞艇还配备有能够循环使用的氢燃料电池提供其紧急情况下使用。原型飞艇将能够在高空中停留一个月以上，而最终任务型飞艇则可以停留一年左右。

HAA 项目的实施由美国导弹防御局牵头，按照其导弹防御系统构想至少将有 10 艘飞艇分布美国太平洋沿岸和大西洋沿岸，每艘飞艇都将配备先进的可覆盖直径为 1200 千米圆形区域的监视雷达和其他传感器，对任何来袭的洲际导弹和巡航导弹提供预警。HAA 飞艇可以运载 1814 千克的任务设备，在地面指挥站的控制下到达约 20 千米的准近地轨道高空并停留一段相当长的时间，这些都是无人机望尘莫及的。由于飞行高度很高，所以 HAA 飞艇即可以避开敌方飞机的攻击，最佳的探测效果，同时其雷达还可以发现地面雷达很难发现的超低空突袭中的飞机或巡航导弹。当然，HAA 飞艇可以返回基地进行维护和保养，这一点侦察卫星是做不到的。最近有消息称，美国导弹防御局将可能让 HAA 飞艇装载武器系统，其最终功能演变与无人机类似。如果真是这样的话，HAA 飞艇的军事应用范围将进一步得到扩大，并具备更强的主动攻击性。

近太空战士——“攀登者”飞艇

在地球大气层的外圈 20 千米—100 千米的近地空间内，由于空气稀薄不会出现什么恶劣天气，而且更重要的是目前世界上绝大多数的固定翼战斗机和地空导弹都无法达到这一高度。如果研制出一种能够在近地空间空域活动的作战武器，将能掌握极大地战场主动权，从而改变现有海陆空三军作战的模式，将战争引入更高的空间。

而对如此巨大的作战潜力，位于科罗拉多州施里弗空军基地的美国空军空间作战实验室和空间作战中心从2003年初就开始了联合研制一种半自动的轻于空气的近地空间机动飞艇（NSMV）计划。该无人飞艇可以在近地空间空域长期活动，集卫星和侦察机的功能于一身，由地面遥控设备操纵，能完成高空侦察、勘测任务，也可用作战场高空通信中继站。

2003年9月，空间作战实验室开始对NSMV原型机进行验证试验。这架原型机由美国JP宇航公司制造，并被命名为“攀登者”。作为能够在近太空活动的新型侦察工具，“攀登者”飞艇的造价仅为50万美元，远远低于任何一种有人驾驶侦察机的价格，还不到RQ-4“全球鹰”高空长航时无人侦察机造价40%。

“攀登者”外形为V形，全长53米，宽30米，其大小比一个棒球场还大。“攀登者”装有2台由燃料电池驱动的螺旋桨推进器，并由GPS进行导航。“攀登者”飞艇舱内充气气体为氮气，自身携带的控制系统可以调节各舱室间的氮气容量，以进行空中机动。

“攀登者”能够携带45千克的通信和监视传感器设备被释放到30千米的高空进行工作，并能在地面控制下返回基地，完成地面操作指令反应、地面指挥所控制下的转换飞行以及点目标上空悬浮、降落、返航等任务。

第三章

空中战将

——无人机的战争实践

早在20世纪初，从无人机诞生的那一刻起，它就和军事与战争联系在了一起。1917年美国人就试图研制无人驾驶鱼雷攻击飞机，当时由于技术原因未能达到预想的效果，但开启了无人机战争实践之门。在第二次世界大战中，德国研制的无人攻击机大量运用于轰炸伦敦的作战行动中。20世纪60—70年代的越南战争，70—80年代的中东战争中无人机大量运用于战场侦察和目标引导等任务，发挥了巨大的作用。海湾战争中无人机应用更加广泛、使用频率更高，在42天的军事行动中，以美国为首的多国部队就投入了200多架无人机。科索沃战争、伊拉克战争、阿富汗战争等近几场局部战争中，无人机在战场侦察、通信中继、战损评估、精确打击、信息战等领域全面开花，成为一支不可替代的作战力量，并部分实现了有人驾驶飞机的功能。

早期无人机在战争中初露锋芒

早期的无人机由于受到了动力、导航和通信等关键技术不发达因素的制约，在战争中的作用比较有限，主要担负一次性远距离攻击、战场侦察、电子欺骗等任务。但作为新型兵器，早期的无人机在战争中给使用一方带来了巨大的军事优势，为无人机日后的发展奠定了基础。

无人机在第二次世界大战中的应用

截止到第二次世界大战前，世界各国的无人机基本上是用作无人靶机，但这并不意味着军事技术领域无人设想设计直接用于战场攻击作战的无人机。这主要是由于当时的通信遥控技术、自动化驾驶技术还不够发达，制约了无人攻击机的发展。另外，第二次世界大战前地面防空火力还不够强大，在空中打击与地面防空之间矛与盾的较量中，空中力量还明显优于防空力量。进入第二次世界大战后，随着地面速射防空火炮技术的发展，歼击机动力和火力的增强，特别是雷达探测跟踪技术的出现，使空中和地面防空力量大大加强，这对轰炸机、强击机等空对地有人攻击作战飞机构成日益严重的威胁，交战双方作战飞机的损失率大幅度升高。在这种情况下，还是美国人最早想到了发展无人攻击机，对当时服役的 B-17 和 B-29 有人驾驶轰炸机进行无人化改装。这两种轰炸机都是美国空军中的大块头。他们拆除机上一些多余的自卫武器和部分设备，安装一些必要的自动控制设备。在远距离飞行时，先由驾驶员操纵飞机飞行一段时间，当即将进入敌目标区域时，驾驶员跳伞离开飞机，随即由伴航的有人驾驶飞机用无线电遥控操纵该无人驾驶轰炸机，轰炸敌方目标。但美军在试验场上试用过几次，结果却差强人意，究其原因，主要是当时无人自动驾驶与控制技术还不过关，因此没有投入实战使用。

真正用于实战的无人攻击机还应该数德国人的 V-1 无人攻击机。V-1 无人攻击机的诞生真可谓受命于危难之中。1944 年，德军在欧洲战场上连连失利。美国军队在巴顿将军的率领下从西线，苏联军队在朱可夫元帅的率领下从东线，两路大军势如破竹，过关斩将一直杀向希特勒的老巢——柏林。面对东西两个方向的夹击，眼看大势已去，希特勒想单独与西方媾和。为了在谈判桌上争取更多的筹码，希特勒决定对盟军的战略后方进行大规模的战略空袭，以动摇英美的军心，目标选定了英国的首都伦敦。当时德国空军力量已在战争中几乎消耗殆尽，要集结一支如此庞大的轰炸机部队，谈何容易。正当希特勒急得团团转的时候，德国空军元帅戈林胸有成竹地向希特勒递交了一份方案。希特勒一看不禁大喜过望，像抓住了一根救命稻草，这便是第二次世界大战中曾经名噪一时的 V-1 无人驾驶攻击机。该机的外形很像一架普通飞机，有中单翼、平尾和立尾。在立尾上方装有一台推力 3800 牛的脉冲式喷气发动机。在 V-1 上，装有导航计算机、程序装置和自动驾驶仪等组成的飞行控制系统，战斗部装有 1000 千克炸药，这在当时是相当先进的。V-1 的飞行速度为 640 千米/小时。这个速度在当时不算快，歼击机的飞行速度已达到 750 千米/小时，可以追上它并将其击落。V-1 的飞行高度通常在 900 米—920 米，采用定高器维持飞行高度。在这种不到 1000 米的高度上，风的影响很大，而当时的计算机功能较低，不能很好地修正风速和风向的影响，因此命中率很低。1944 年 6 月 13 日，V-1 无人轰炸机首次空袭英国首都伦敦。在轰炸的最初五个星期，德国就向伦敦发射了3000多架。在其占领的比利时、荷兰和法国，德国都部署了这种无人轰炸机的发射起飞装置，并用这些装置连续向伦敦发射V-1，其数量达8000多架，但只有大约2300架击中了城市目标，仅占发射总数的29%。最终V-1无人攻击机也未能挽救希特勒覆灭的命运。V-1无人攻击机的出现标志着军用无人机的发展已开启了新的里程碑，对后来无人机的发展具有标志性意义。战后，美国、英国、法国派遣了大批科学家到德国，并从德国带走了大部分从事这项研究的科学家和文献资料，从而奠定了无人攻击机和弹道导弹、巡航导弹发展的基础。

资料链接：越南战争——美国人的恐怖记忆

越南战争远超过第二次世界大战各战场投弹量的总和，造成越南160多万人死亡和整个印度支那1000多万难民流离失所；美国自己也损失惨重，5.6万余人丧生，30多万人受伤，耗资4000多亿美元。美国在越南的军事卷入规模大（1973年美国在越南作战人数约54万），时间拖延长（前后12年，是美国历史上最长的国外战争），造成了无法估量的心灵创伤。

战争期间，美国经济出现大幅度滑坡，美元霸主地位遭到沉重打击，并出现了巨额财政赤字。越战彻底改变了美苏两霸争夺的格局：整个20世纪70年代，美国转为战略守势，而苏联则处于战略攻势地位。越战之后，卸任了近30年的美国前国防部长麦克纳马拉，在众多越战反省者的鼓励下，于1995年发表了《回顾：越南的悲剧与教训》一书，对美国卷入越战进行了反思。

无人机在越南战争中的应用

1964年8月，美国首次尝试将AQM-34“火蜂”无人机投入战斗，主要用于战役战术侦察。60年代后期，随着美军对北越的轰炸急剧升级，北越空军迎击力度也不断增强，执行空中侦察任务的美空军侦察机屡屡被击落。为完成代号为“狩猎远征”的侦察任务，美军决定选用“火蜂”无人机作为先头侦察机，对北越遂行空中侦察。“火蜂”由 DC-130 大力神母机在空中发射，并根据母机的操纵指示飞入北越上空，侦察结束后飞到南越海岸放出降落伞，由 CH-53 直升机在空中将其回收。此项任务主要由美国空军第 100 战略侦察航空团的分遣队执行，基地设在南越的边和。从 1964 至 1975 年间，该型无人驾驶飞机在越南南部、北部以及我国南部共实施了 3435 次战斗飞行，其中成功飞行 2873 次（占总飞行架次的 84%），损失率仅占 4%，使用无人驾驶飞机的美军士兵无一人伤亡。据美国官方的保守统计，越南战场上共损失了 2500 多架战机，近 5000 名飞行员（包括死亡和被俘的）。相比之下，使用无人驾驶飞机在相当程度上减少了美军在越南战场上的伤亡。

无人机在贝卡谷地作战中的应用

1982 年 6 月 9 日，贝卡谷地引起了世界军事家们的关注。贝卡谷地，是在黎巴嫩东部、靠近叙利亚的一块南北走向的狭长谷地。它虽然是黎巴嫩的土地，但却是叙利亚抵御以色列的天然屏障。谷地两侧高山连绵，地势极为险要。当以色列于 1982 年 6 月 5 日入侵黎巴嫩时，叙利亚害怕这场战火烧到自己头上，便不断在贝卡谷地增兵，加强这一线的防御。在这块仅 3 千米的狭长河谷内，密密麻麻部署了 19 个“萨姆”-6 导弹营。这一切防御措施对以色列的作战飞机来讲，可说是一座难以攻破的“天门阵”。

（一）“猛犬”成功刺探“萨姆”-6。自第四次中东战争结束后，为了对付“萨姆”-6 导弹，获得它的技术资料，成了美国和以色列情报部门工作的一项重要目标。美国通过间谍活动从拥有“萨姆”-6导弹的埃及获得了“萨姆”-6导弹的一些相关资料。这样美国针对其技术，改进了干扰设备，提供给了以色列。同时，出色的以色列特工也从其他渠道获得了许多关于“萨姆”-6的技术资料。

但在获取“萨姆”-6导弹资料中功劳最大的应算无人机。以军的无人机有“猛犬”和“侦察兵”两种，都是以色列自己生产的。“猛犬”主要用于光学照相侦察活动，机身体积小，雷达有效反射面积仅为0.1平方米，很不容易被发现。“侦察兵”主要用于电子干扰、诱骗和电视照相侦察活动。其电视照相的图像能及时地传送给地面指挥中心。

资料链接：“萨姆”-6 地空导弹

这是一种车载机动发射的中程、中低空防空导弹武器系统，用来对付距离在5米—25千米，高度60米—10000米的亚音速和超音速飞机，也可拦截巡航导弹。1967年首次展出，是苏联80年代较先进的地对空导弹。采用半主动雷达寻的制导，破片杀伤型战斗部。按其性能来说，可以对付美军F-16战斗机。但因SA-6导弹采用全程半主动寻的制导，需要搜索雷达进行目标探测，并把目标坐标送给跟踪照射雷达，照射雷达通过制导车的同步通讯系统把目标的实时坐标送给4部导弹发射车，适时发射导弹。照射雷达一方面把导弹引导到雷达波束中，引导导弹飞向目标。此型导弹是世界上第一种采用整体式固体冲压和固体火箭组合发动机的导弹。第四次中东战争中，埃及和叙利亚军队曾使用这种导弹击落了以色列飞机。

1981年4月，“萨姆”-6导弹刚刚到贝卡谷地安家，以色列军方经过精心策划，就派出了第一架“猛犬”无人机飞往贝卡谷地进行实地侦察。冒着生命危险前往贝卡谷地进行侦察的这架“猛犬”，还没有接近贝卡谷地上空，就被叙利亚军队从雷达荧光屏上捕捉到了，待它刚进入贝卡谷地，就被叙军的“萨姆”-6导弹无情地击落了。虽然这架

叙利亚部队撤离贝卡谷地

“猛犬”壮烈地“牺牲”了，但它却传回了重要的情报，使以军发现了叙军雷达的工作频率和使用方法及“萨姆”-6导弹的一些新资料，从而找到了对付“萨姆”-6导弹的方法，为后面的胜利奠定了基础。为了进一步证实对付“萨姆”-6导弹方法的可行性，以军又派出了1架无人机。这一次虽然叙军早早发现，而且还发射了两枚“萨姆”-6导弹进行攻击，但这架有备而来的无人机却顺利地完成任务，安全返回了基地。以军欣喜若狂，因为他们已经成功地找到了对付飞机克星——“萨姆”-6导弹的绝招。但是，这一新情况却没有引起叙军的足够重视。就这样，以色列人掌握了叙军防空配系的情报，他们知道了导弹、高炮、监视雷达和指挥所的位置，并且掌握了大量的技术情报，包括防空通信网的情况和各种武器的精确数据。因此，他们便可以大胆制定对付的措施了。万事俱备，以军只待吹响冲锋的号角。

（二）无人机“敢死队”勇当先锋。以色列对贝卡谷地的攻击，是

1982 年 6 月 9 日 13 点 50 分开始的。当时，在贝卡谷地突然传来了飞机的轰鸣声，叙利亚导弹指令中心（在贝卡谷地中央的一座小山上）的指挥官感到情况异常，顿时，贝卡谷地拉响了凄厉的紧急战斗警报。

伴随着几道火光和巨响，数枚“萨姆”-6 导弹腾空而起！叙军雷达荧光屏上那些突出的“亮点”都消失了。这意味着以色列入侵的第一批飞机，已全部被击落。叙军阵地上一片欢腾。

可是叙利亚士兵发现坠落的飞机竟是塑胶制作的，而且既见不到飞行员跳伞，也见不到他们的尸体。叙利亚士兵意识到情况不妙，连忙将这个怪异现象报告指令中心。指挥官马上明白中了诡计，叫苦不迭。“雷达关机！”他下命令。可是一切都晚了，以色列空军已经得到了他们需要的东西。战场主动权已无可争议地掌握在以色列人手中。叙军关掉雷达，F-15 飞机可以从容地轰炸导弹阵地；雷达开机，以军战机上的反辐射导弹便能沿着“萨姆”-6 的雷达频率准确地、主动地飞向目标，将其摧毁。原来，13 点 50 分，以色列首先向叙利亚导弹阵地扑杀过来的，是一批名叫“大力士”的“无人机敢死队”。以色列先派遣“猛犬”无人侦察机，以 2500 米高度进入贝卡谷地上空，作为诱饵飞机发射出酷似以色列战斗机大小的“电子图像”，诱使叙利亚导弹阵地的雷达开机并发射“萨姆”-6 防空导弹。与此同时，以色列又派遣“侦察兵”无人侦察机收集叙利亚雷达位置、信号频率等情报。以色列是以这批“敢死队”为诱饵，引诱叙军制导雷达开机，从而成功地消耗了叙军第一批导弹。与此同时，无人驾驶飞机还成功地窃取到“萨姆”-6 导弹制导雷达的频率以及方位、距离等信息，并及时传给远在地中海安全空域、9000 米高空的 E-2C“鹰眼”雷达预警飞机。

F-4“野鼬鼠”反雷达飞机

（三）效果显著的电子进攻。以军在掌握叙利亚军队雷达参数之后，集中所有参战的电子战飞机对叙军雷达实施了强烈电子干扰。同时，由战前埋伏在贝卡谷地黎巴嫩山脉背面山脚下的、被苏联称为致命秘密武器——以色列自己研制的“狼”式地对地反雷达导弹，揭开了对贝卡谷地“萨姆”-6导弹发动攻击的序幕。

攻击开始后，24架F-4“野鼬鼠”反雷达飞机首先冲杀过来。飞机上携带一枚“百舌鸟”反雷达导弹和一枚“标准”反雷达导弹。这两种空对地反雷达导弹，攻击距离远，命中精度高，威力大，装有记忆装置，一旦截获对方雷达频率，并确定其位置后，导弹就会自动飞向目标，即使对方雷达关机，也能记准目标位置。

6月9日14点（即无人驾驶飞机发起攻击10分钟之后），24架F-4“野鼬鼠”反雷达飞机便飞到贝卡谷地上空。这种“软硬一体化”的飞机，一方面施放强烈电子干扰，进行“软杀伤”，迷瞎叙军

“萨姆”-6 导弹的制导雷达，以使自身安全突防（如同与瞎子打仗一般）；另一方面又对准目标，施放“百舌鸟”和第二代反雷达的“标准”反雷达导弹，准确地摧毁叙军的“千里眼”雷达。

（四）无人机奋勇“杀敌”。在把叙军大部分雷达迷瞎、摧毁之后，以色列的 70 多架美制 F-15“鹰”式战斗机、F-16“战隼”战斗机以及以色列自己研制的“幼狮”战斗轰炸机，又紧跟着扑杀过来，再次向贝卡谷地的叙军导弹基地发射美制“小牛”、“白星眼”等空对地导弹，并倾泻许多炸弹，对贝卡谷地的叙军导弹阵地，进行饱和轰炸。

以色列自己研制的反雷达“自杀”无人机，也开始向叙利亚军队阵地发动攻击。这种自杀式无人机上装有“百舌鸟”空对地导弹的导引头和战斗部，能够自动寻找目标。

以色列的反雷达导弹以及其他空对地、地对地导弹与叙利亚的“萨姆”-6 地对空导弹生死存亡的较量，只进行了 6 分钟，叙利亚耗资 20 亿美元、经营 10 年的防空导弹阵地顷刻间化为一片废墟。

无人机在现代战争中担当大任

20 世纪末，随着信息传输、导航定位、人工智能、新材料等技术的发展与应用，世界各国相继研制出大量性能优越的新型无人机。在海湾战争、科索沃战争、阿富汗战争和伊拉克战争中，无人机在战场侦察、战损评估、目标监视、火力校射等领域表现卓越，不仅提高了使用方的战场态势感知能力、信息传输能力，使战场变得单向透明，也极大地减少了人员伤亡。由于无人机在现代战争中的出色表现，世界各军事强国纷纷加大了对无人机研制和生产的投入，无人机进入了一个快速发展的阶段。

无人机在海湾战争中的应用

在1991年的海湾战争中，无人机以其独特的作用，开创了实战应用的新纪元。在这次历时42天的战争中，空战进行了38天，以美国为首的多国部队，动用了200多架各种无人机。据不完全统计，这些无人侦察机有美国的“先锋”、英国的“不死鸟”、法国的“玛尔特”MK、“红隼”和加拿大的“哨兵”等，共飞行了数千小时，对伊拉克和科威特执行了数百次空中监视、侦察、目标指示、战损评估、校正射击任务，为战区和各部队指挥官收集和提供了大量的信息。此外，美军还利用无人机作诱饵，以各种编队形式在目标上空飞行，模拟盟军各种轰炸机信号，诱骗伊拉克防空系统的雷达开机并发射导弹，致使伊军防空阵地暴露在联军火力打击之下，在短短的两天之内就全部瘫痪。在遂行校正射击任务时，无人机的优势也非常明显。为了摧毁伊军在沿海修筑的坚固工事，美军的无人机从近海战舰甲板上起飞，用红外侦察仪拍摄地面目标图像并传送给指挥中心。指挥中心据此命令战舰发射舰炮开始攻击，这时无人机又不断为舰炮进行校射，连续3天就将伊军的炮兵阵地、雷达网、指挥主枢纽彻底摧毁。

资料链接：海湾战争导致严重石油污染

1991年初爆发的海湾战争，战争双方伤亡人数并不多，但消耗的物资却是惊人的，特别是石油资源遭到人类有史以来最大的破坏，这场战争毁掉5000多万吨石油。在海湾战争期间，约有700余口油井起火，每小时喷出1900吨二氧化硫等污染物质飘到数千公里外的喜马拉雅山南坡、克什米尔河谷一带，造成了全球性污染，并造成地中海、整个海湾地区以及伊朗部分地区降“石油雨”，严重影响和危害人体健康。这次海湾战争酿成的油污染事件，使波斯湾的海鸟身上沾满了石油，无法飞行，只能在海滩和岩石上待以毙命。其他海洋生物也未能逃过这场灾难，鲸、海豚、海龟、虾蟹以及各种鱼类都被毒死或窒息而死，成为这场战争的最大受害者。海湾战争结束后，一些环保专家表示，要完全消除由海湾战争引发的5000万吨石油对海湾地区和全球的影响，不仅代价高昂，而且所需的时间也较为漫长。

在海湾战争中，美军面临的一项最艰巨的任务，莫过于搜寻伊拉克隐藏在沙漠中的“飞毛腿”导弹机动发射架。但传统的有人侦察机在沙漠中进行侦察的危险性很大，卫星侦察又监视不了不断移动的目标，在这种情况下，美军为了在茫茫沙海中找到伊拉克隐藏的“飞毛腿”导弹发射架，又避免人员伤亡，便大量地使用无人机执行空中侦察任务。在整个海湾战争期间，美军共部署了6个“先锋”无人机连，其中海军陆战队6套，陆军1套，海军舰队2套（部署在“威斯康星”号和“密苏里”号战列舰上），共88架。“先锋”无人机在海湾战争中共出动了533架次，飞行时间达1638小时，也就是说，平均每天都有一架“先锋”无人机在海湾上空飞行。它利用机载光电和红外探测器，在战场上空300米—3660米处盘旋，日夜为美军提供极具价值的实时情报。

早在越南战争时期，“先锋”无人机的“老前辈”“火烽”-147型无人侦察机就开始在战场上频频露面，但其实用价值却始终没有得到美军的认可，这种状况直到海湾战争中才得以彻底改观。为无人侦察机“正名”的即是“先锋”，“先锋”的命运也因此时来运转。在有关海湾战争的报告《美国国防部致国会的最后报告》中这样写道：“在整个战争中，‘先锋’无人驾驶侦察机成功地执行了侦察、监视、目标捕获、指挥控制和战损评估任务。美国海军陆战队在搜索和确定敌人位置方面取得的成功主要归功于无人侦察机”。

另据美军指挥部称，“先锋”无人机的使用情况总体上是“令人满意的”。为了摧毁伊军在沿海修筑的坚固工事，该型机“频频出击”，从“威斯康星”号和“密苏里”号两艘战列舰上起飞，用红外侦察仪进行了大量的空中侦察，拍摄地面目标图像，为舰炮进行校射。在整个海湾战争期间，“先锋”无人机共引导部队摧毁了伊方 6 个火箭炮连、120 多门火炮、7 个弹药库、1 个自动化炮兵旅和 1 个机械化步兵连。“先锋”无人机还曾发现多艘伊拉克的巡逻艇，在它的指引下，有两艘高速艇遭到打击；它还确认了两个“蚕式”反舰导弹发射场、300 余艘舰船以及许多高炮阵地等重要目标，后来这些目标都被摧毁。另外，它还充当诱饵，多次诱使伊军雷达开机、导弹发射，使其暴露目标，让跟随其后的 F-4G 等攻击机对这些重要目标进行轰炸，两天之内就使伊防空系统陷入了瘫痪。与此同时，美军指挥部也指出了该型机自身所存在的一些缺陷和不足，如未装备激光目标指示器，无法为半主动激光寻的高精度武器（如海尔法导弹等）指示目标。“先锋”无人机在海湾战争中可谓功勋卓著，但也付出了巨大的牺牲：美军共损失了 19 架“先锋”无人机（联合力量指挥部官方报道，只有 1 架“先锋”无人机被击落）。

除美国外，英、法、加拿大也都在海湾战争中出动了无人机，法国总统还为无人机操作人员颁发了十字勋章。法国在海湾战争中使用了 4 架“玛尔特”无人机。该型无人机是“阿级拉”火炮自动控制系统的一部分，于 1991 年 2 月底被部署到萨乌多夫斯克 · 阿拉维，担负师一级的情报保障，执行侦察、监视、炮兵火力校射的任务。在海湾战争地面进攻初期，为免遭步枪射击，该机在高度 300 米以上飞行，但之后为避免与有人机和联合部队的直升机相撞，将飞行高度降低至 150 米。

无人机在科索沃战争中的应用

海湾战争之后，无人机出没最为频繁的地区首推巴尔干半岛地区。从波黑战争爆发至科索沃战争硝烟散尽，巴尔干半岛的上空始终游荡着无人机的魅影。

1995 年 7 月初，美军在波黑战场使用“捕食者”无人机，监视塞族重武器撤出萨拉热窝。1998 年底“捕食者”无人机部署在匈牙利，从这里飞往“南联盟”实施侦察飞行。但当时由于结冰问题使这些飞行不久便被迫中止，直到大规模空战开始后才又重新恢复。“捕食者”被重新部署到距离战区更近的图兹拉（波斯尼亚）和彼得罗维克（马其顿）机场。“捕食者”无人机在科索沃战争中负责为导弹指示目标、为美空军和陆军航空兵进行火力校射，但任务完成得并不十分理想，究其原因是：有人机和无人机（特别是各兵种的有人机和无人机）之间未能进行有效地协同。美陆军的“猎人”无人机也曾部署在这里，但后来转到阿尔巴尼亚（这里以前部署的是中央情报局使用的“纳蚊”750 无人机）。“猎人”无人机可以安装直通 AH-64“阿帕奇”直升机座舱的视频链接，使 10 千米之内直升机上的飞行员可实时看到与无人机视角相同的景象。科索沃地形起伏多山，深入其境内的飞机与位于马其顿的地面站之间，需要通过“猎人”无人机进行通讯中继。“猎人”无人机还被用来截获信息，了解地面发生的情况，该型机在 95% 的时间里保持了备战状态，飞行时间多于 1500 小时，天气晴好时，每天完成侦察任务的巡航时间高达 20 小时。执行任务期间它们曾遭到小口径高射炮、机动防空导弹系统和轻武器的袭击，其中 4 架“猎人”无人机被击落，因机械故障坠毁 2 架，另有 4 架停飞待修。

此外，法军在马其顿部署了 CL-289 无人机，隶属布杰斯韦尔第 100 炮兵连；加拿大、德国把 CL-289 小型无人机部署在波斯尼亚，隶属于第 7 炮兵团。实战证明，法国的 CL-289 无人机性能优良，由于它带有 KRT824D 航空照相机，因而，获取的目标图像非常清晰。这些情报以电子邮件和传真的方式发给各个用户，辅助用户制定空中战役计划，评估打击效果。英军向战区派出的无人机是英国航空公司制造的“不死鸟”无人机，其主要任务是为 125 毫米火炮指示目标。意大利向战区首次派出了米吉奥尔公司制造的“米拉奇”26 无人机。派往巴尔干地区的这些无人机，其作战半径大部分不超过 200 千米，只有美国的“猎人”半径超过 260 千米，“捕食者”的“捕食”半径超过 350 千米。

无人机的空中魅影在科索沃上空日夜游荡，对战争的进程和结局起到了极为重要的作用，但遗憾的是，这些神秘魅影在战场上的神奇功能及发挥的至关重要的作用，当初并未引起有关受害国家军方的重视，致使战事伊始，受害国就不得不为自己的无知付出惨重的代价。波黑战争中，当北约部队的无人机在塞族武装阵地的上空飞行时，塞族军队对其不屑一顾，甚至还对其天生体形渺小而不无嘲讽。然而，当塞族武装 70%的军火库和 30%的指挥所遭到北约飞机的精确打击后，才认识到了这种在空中看上去像鸟一样大小的“航模飞机”的厉害。据统计，仅美国的“捕食者”无人机在波黑上空活动就达 2700 小时。西方各国对无人机在战争中的难以替代性早已心知肚明、认识深刻。因此，及至科索沃战争爆发，美、英、法、德和意大利等北约国家根据本国军队的作战任务，纷纷选用性能优异的无人机参战，如CL-289、“红隼”、“不死鸟”和“米拉奇”26等等，这些无人机在科索沃战争中为北约部队提供了大量的情报信息，在情报侦察系统中发挥了重要作用。美中不足的是，当时西欧国家使用的无人机尚无实时处理能力，其技术水平尚属一般，与世界先进无人机相比，尚有较大差距。在此次战争中，美军投入的无人机阵容庞大，空军使用了张牙舞爪的 RQ-1A“捕食者”，陆军使用了战功赫赫的“猎人”，海军使用了声名远扬的“先锋”无人机。由于考虑到 U-2 飞机驾驶员长时间飞行后十分疲劳，美国空军还决定让尚未正式投产的“全球鹰”去战场上“练一练”。“全球鹰”可谓初生牛犊、后起之秀，不时飞到南联盟目标上空偷猎，成功获取了大量实时的高清晰图像，取得了辉煌的战果。

无人机在科索沃被用于中低空侦察和长时间战场监视、电子对抗、战毁评估、目标定位、收集气象资料、营救飞行员和散发传单等，起到了有人机难以完成的作用。

无人机在阿富汗战争中的应用

阿富汗是中亚地区一个以山地为主的国家。境内大部分地区属伊朗高原，地势自东北向西南倾斜。山地和高原占全国面积的 4/5，平原分布在西南部和北部。兴都库什山脉是阿富汗的脊梁，斜贯中部，东段山势险峻，有最高峰诺夏克峰，海拔 7485 米；西段下降到 1000 米以下，西南部有沙漠。河流主要有阿姆河、赫尔河、哈里河和喀布尔河。阿富汗属大陆性气候，降水少，气候干燥，冬夏和昼夜之间温差大，年平均降水量不到 300 毫米。它于 18 世纪中叶形成一个国家。

19 世纪初英帝国主义和沙皇俄国在此逐鹿，19 世纪 30 年代英国入侵阿富汗，阿富汗人三次抗击英帝国主义发动的侵略战争，历经 80 余年的艰苦抗争，终于在 1919 年恢复了独立。

又一个 80 余年过去了，阿富汗又受到了来自外族远程导弹、空中力量和真正武装到牙齿的士兵的更为残酷的打击。所不同的是，80 余年前遭到的入侵是赤裸裸的，而 80 余年后蒙受的军事打击则是冠以正义之名的“持久自由”行动。

在 2001 年的“持久自由”行动中，美军在阿富汗部署了功能强大和侦察范围极大的航空监视和监听系统，调集使用了 5 架“全球鹰”中的 4 架以及在美国陆军和美国情报部门服役的“捕食者”无人机参战。其中 2 架“全球鹰”是从部署于阿拉伯联合酋长国空军基地前往战区作战的；同时派出的 RQ-1A“捕食者”无人机有 12 架。据悉，部分“捕食者”无人机隶属于美空军第 11 侦察联队，部署在乌兹别克斯坦。虽然这两种无人机当时都还处在研制阶段，但是它们对阿境内的塔利班武装进行了广泛的侦察，获取了大量的情报，为美国实施精确打击提供了准确的信息、“捕食者”无人机还首次携带武器向塔利班的坦克发射了“海尔法”导弹，成为第一架在作战中开火的无人机。该机所提供的战场图像比同时参加侦察的 U-2 飞机所提供的图像还要好。

“全球鹰”在 2001 年加入美国空军后，与 U-2 一起，担负起全球战略侦察任务。五角大楼最新的作战理论对战场监视提出了非常高的要求，要 24 小时看见战场。一位高级将领说：“如果我能看到战场，而敌人不能，那么我就已经赢得了战争。”无人侦察机凭借其全天候的监视能力和高分辨率的侦察设备，无疑是战场上空明察秋毫的

“千里眼”。

阿富汗战争开始后，由于阿富汗境内多为山地，地形复杂，美军不得不加强空中侦察，以及时了解塔利班和“基地”组织的活动情况，为此美国空军派出了“捕食者”、“猎人”和“全球鹰”无人侦察机上阵。“全球鹰”无人机在50次作战任务（1000小时飞行时间）中提供了15000多张潜在敌军目标的情报、监视和侦察图像。“全球鹰”带有光电及合成孔径雷达，用来侦察地面目标，但它没有任何信号情报负载。

美国“全球鹰”无人驾驶侦察机

国防部长拉姆斯菲尔德对该种飞机在阿富汗战斗中的使用情况表

示满意。他在五角大楼的一个新闻发布会上称："我们很高兴获知这种无人机在对阿战争中使用并且很快就可以对它做出性能评价。"根据"全球鹰"在阿富汗的使用情况，公司在"全球鹰"的工程和制造工艺上进行了改进。

如果说无人机在前几场战争中主要执行侦察、诱饵等任务，打的是助攻，那么美军在阿富汗反恐战争中使用的无人攻击机，是无人机在战争中的一次重大突破。美军在阿富汗不仅大量使用无人机进行侦察、监视，而且使用了攻击型无人机，直接参与了对阿富汗地面目标的袭击。

由于这些无人机配置了先进的 GPS 定位系统，其捕获目标的能力大大加强，对地攻击的精度也很高，击中"基地"组织一个重要头目的就是"捕食者"无人攻击机的杰作。无人机技术已趋成熟，性能日臻完善，它能够承担的任务范围进一步扩大，任务级别由战术级扩大到战役级，任务的性质由支援性保障任务扩展到攻击性作战任务。

（一）捕杀阿提夫——无人机在阿富汗战场首次亮剑

2001 年 11 月 13 日晚，阿富汗夜空没有月色，一支塔利班的部队趁着夜色，悄悄撤出首都喀布尔。行进途中，他们不像其他部队那样急着往前赶，而是小心翼翼地移动。

这一异常的现象被间谍卫星和中央情报局派出的"捕食者"无人机"察觉"。借助于加密卫星通信系统，由机载红外摄像机"近距离"拍摄到的清晰图像被传到美国佛罗里达州坦帕的美军中央司令部的控制室，然后又通过安全通信网，将"捕食者"获得的情报信息发送至五角大楼和中央情报局。经过分析，美国高层官员认为：在这支部队中，有塔利班和"基地"组织的重要人物。于是，美军的地面控制人员命令"捕食者"无人机尾随跟踪。

塔利班车队在一处小镇宿营，部分成员进入一座3层楼的旅馆，其余戴着头巾的男人们则在停放于旅馆周围的卡车内交谈，还有些人在紧张地来回踱着步子。跟踪而至的“捕食者”悄无声息地在他们的头顶上盘旋。塔利班士兵没有听到任何声音。机载摄像机对准了小旅馆中有灯光的房间。透过夜视镜头，千里之外的美军控制人员发现，整座大楼防守严密，不时有人进进出出，房间内似乎正在召开一个重要会议，与会者可能职位不低。

机不可失，时不再来。美军中央司令部果断地下达了攻击命令。一直在喀布尔地区上空巡航待命的3架美国空军F-15战斗机立即赶赴现场，向小旅馆投下了3枚精确制导的GBU-15炸弹。与此同时，“捕食者”也向地面停车场上的车辆发射了两枚“海尔法”反坦克导弹。此次空袭行动准确命中目标，共有近百人被炸死，多名“基地”组织的高层人士阵亡。据悉，死者中包括本·拉登的副手——57岁的穆罕默德·阿提夫。

此战，MQ-1“捕食者”无人机向远方传送的非常清晰的图像情报起到了至关重要的作用。在整个阿富汗战争中，无人机为美军追剿塔利班立下了汗马功劳。

(二)“猎狩”行动——无人机收获颇丰

2001年底，中央情报局给特种部队配备了几架装备了AGM-114“海尔法”导弹和半主动激光制导系统的“捕食者”无人机，参加攻击基地头号恐怖分子拉登的“猎狩”行动。根据侦察到的情报，“阿里·卡伊达”运动的指挥官们正在喀布尔饭店内。行动一开始，“捕食者”无人机便向饭店发起攻击，然而无人机没有对整个饭店进行攻击，而是让导弹直接从窗户钻进指挥官们所在的房间，精确地命中目标，捕杀了多名塔利班领导人物。

(三) 刺杀拉登——无人机在阿富汗再立新功

2002年2月4日，一架无人机地面控制站的操作员在“捕食者”的信号反馈显示器上发现武装分子小组已从3000米高度的山上转移。操作员继续操作“捕食者”进行跟踪，最后判明，该小队的头目是个大个子。美国的一些专家对无人机获得的录像进行仔细分析后得出结论，该小队的头目很可能是拉登，于是，美军发出指令，“捕食者”发射两枚导弹，将多名小队成员炸死。后来证实，这次打击目标就是赫赫有名的拉登，拉登虽然侥幸逃脱，但其多名助手被炸死。

美军在总结2001—2002年阿富汗战争的经验后得出这样的结论：无人机的使用规模大大增加了，并且这一趋势今后将继续增长；同时发现，“捕食者”无人机在4千米—6千米的高度飞行时也可遭受袭击。只有高空无人机、微小型无人机和一些具有良好飞行性能及隐身性能的无人机才能有效地对付装备精良的敌人，但这样一来便不可避免地要增加这些系统的复杂性和造价。

无人机在伊拉克战争中的应用

在伊拉克战争的大舞台上，无人机登峰造极的作用发挥，使其当之无愧地被推举为全能演出的明星：无论是战前的情报获取，还是作战过程中的目标跟踪、定位，甚至是对目标的直接毁灭性打击，无人机无不显示出其功能全面、游刃有余的作战特点。即使是用于执行诸如战损评估、火力校射等辅助性工作，无人机也以其独到、有效的工作赢得世人的啧啧称道。

早在伊拉克战争爆发之前，《纽约时报》就报道说，一旦美国对伊拉克采取军事行动，美国空军可能会使用从科威特空军基地起飞的“捕食者”无人机攻打伊拉克的防空雷达系统、飞毛腿导弹发射基地和巴格达的敏感目标。事实上，自 2002 年 10 月下旬起，美国空军就将装备了两枚“海尔法”导弹、一枚激光制导导弹的“捕食者”无人机部署到伊拉克南部禁飞区巡逻。美国一名空军军官说，携带导弹的“捕食者”迄今已向包括雷达天线在内的伊拉克目标发射了三到四枚导弹。中情局和军方使用“捕食者”在伊拉克发射导弹的总数仍然保密，但官员们估计总数达数十枚。

在伊拉克战争中，无人机的来源主要是美、英两国。美军使用了十种以上的无人机，全部堪称世界无人机的精英，也代表了当时无人机发展的最高水平。美国在此次战争中使用的最具代表性的无人机首推“全球鹰”和“捕食者”，其次还包括 RQ-7A“影子”200 和“影子”600 无人机；英国投入作战的无人机主要是曾被业内人士嘲笑不耻，而在本次战争中证明原来是“大智若愚”的“不死鸟”无人机。

(一)“全球鹰”建功剿灭伊拉克共和国卫队

伊拉克战争期间，“全球鹰”及时、持续的向联军部队提供了有关敌方位置、行动与意图的信息。一次，正当伊拉克的精锐部队向被困在黄沙飞卷的沙漠里的美军步步逼近时，一架头顶上呼啸而过的“全球鹰”无人机改变了这一切，美军的命运得以扭转。这架无人机穿过沙漠上空 19 千米高的云层将有关敌人位置的信息准确无误地传送给美军的空袭指挥部，使得本来对美军来讲是浴血反击战的一场战斗，最终演变成了伊拉克共和国卫队的全线崩溃。

(二) 无人机助力美机步师“狂奔”

美军部队之所以能够迅速向伊纵深推进，很大程度上得益于无人机所提供的重要情报信息。我们依然清楚地记得，在对巴格达实施“震慑”行动后，美军地面部队第三机步师的行军如同在表演“沙漠大飙车”。美陆军在不到3天的时间就由南向北推进了约700千米，推进速度创了历史纪录，是1991年海湾战争时美国陆军推进速度的4倍。是什么使美军地面部队进展如此神速呢？很大程度上应归功于无人机准确的空中侦察和监视行动。美军地面部队在行进中，空中除了有包括“阿帕奇”直升机、E-3机载预警和控制系统飞机、E-8联合监视与目标攻击雷达系统飞机、RC-135战略战术侦察机外，更有“捕食者”无人机执行空中侦察任务，对伊军阵地进行扫描，为地面部队护航，给了美英地面部队前所未有的空中侦察支援。“捕食者”无人机比“阿帕奇”直升机的飞行时间更长，飞行距离更远，从而更进一步扩大了侦察距离。机载照相机能够覆盖部队前进方向数十千米远的区域，为部队提供了最直接的、实时的、不间断的高价值目标监视。

（三）无人机不辞辛劳搜寻萨达姆

在搜寻伊拉克前总统萨达姆和搜歼伊拉克抵抗力量的行动中，无人机同样发挥着非常重要的作用。《澳大利亚人报》曾报道说，美军第四机械化步兵师26000余名官兵在一个中队的无人驾驶武装侦察机的增援下，曾对巴格达以北所谓的“三角地带”进行了全力搜捕，以期发现萨达姆和他的儿子。这些无人驾驶飞机都装备有高清晰度的摄像机和“海尔法”导弹，它们在巴格达上空24小时不间断搜寻，致使萨达姆和他的儿子不敢轻易出来活动，最终被美军锁定抓获。

从无人机的成长发展角度来说，伊拉克无疑又为无人机提供了丰满羽翼、大展宏图的理想场所。

第四章

科技与需求的合体

——无人机的发展动因

如今无人机进入了一个快速发展阶段，各种新型无人机纷纷研制成功，世界各军事强国纷纷制定发展规划，投入大量人力、物力占领无人机发展的制高点，无人机发展进入了一个空前繁荣的阶段。作为一种新型兵器，无人机为什么能够取得如此迅速的发展，得到世界各国的高度重视。本章我们从新科技革命的影响、战争发展的需要、无人机的战场多能性、“零伤亡”的政治追求四个方面来探寻无人机发展的动因。

新科技革命的强劲动力

无人机在20世纪60年代崭露头角，尤其是80年代后的异军突起，与世界高技术的发展密不可分，特别是与以微电子、光电子、计算机、自动化、卫星通信、光纤通信技术为核心的军事信息技术的发展与应用，与以信息材料、能源材料、新型结构材料和功能材料技术为核心的军事材料技术的发展与应用，与以航天器的制造、发射和测控技术、航天遥感（空间侦察、监视）、空间通信为核心的军事航天技术的发展和应用密不可分。军事信息技术、军事材料技术、军事航天技术的发展，刺激了军事装备的发展。新技术催生的新一代无人机有了长足的发展。无人机不仅提高了在航速、续航时间、升限、有效载荷以及外型（形）隐形、低雷达反射面积、低红外特征等方面的技术性能，而且随着有效负荷的增加和高分辨率的昼夜双色摄像机DLTV、采用了电荷耦合器件CCD的电子照相机EO、前视红外仪FLIR、红外扫描设备IR、合成孔径雷达SAR、灵敏的核生化传感器以及气象传感器、精确高效的全球定位系统GPS、惯性导航系统INS等设备的配备，使无人机遂行多种任务、战场生存的战术性能得到了质的提升。

技术进步是无人机发展的前提和条件。虽然用无人机代替有人机执行各种任务的想法由来已久，但受当时的科学技术发展水平限制，无人机未能得到迅速发展。上世纪六七十年代的越南战争中，美军曾使用无人机执行侦察任务，虽然侦察到许多重要情报，但由于技术条件的限制，无人机飞行速度慢，隐身性能低，回收困难，其损失率远远高于有人机，因此，越战后无人机并未得到快速发展。正在开发的生物智能技术，将使无人机具有“生物变体机体”、“形状记忆能力”和“自我修复能力”，纳米技术和微型电机技术的发展，将使无人机在战场上的大量使用成为可能，并将带动其他无人作战平台一起成为武器装备中的又一重要组成部分。

世界上具有代表意义和领先地位的是美国、以色列的无人机。以美国为例，其新一代的无人机与地面控制设备、操作人员，共同构成了一个和谐、高效的作战系统，该作战系统与全球军事指挥控制系统WWMCCS、全球指挥控制系统GCCS、联合部署智能支援系统JD1SS、联合战术分发系统JTIDS、全球广播服务系统GBS的连接，实现了与作战的各级指挥机构或其他作战平台实施实时或近实时的信息交换，使得无人机系统具有了其他作战系统或平台无法比拟的优点。

战争发展的需要

现代战争一个最突出的特点是以信息技术为核心，制信息权成为交战双方争夺的焦点，更是取得胜利的关键。而无人机可实时获取和传递战场信息，并可深入敌目标区域内获取低功率信息情报，同时具有机动灵活、不受人的体力及辐射等条件限制等特点成为夺取制信息权的有力工具。特别是目前的无人机，种类齐全，可为各级部队和人员提供各种层面的情报信息，微型无人机还可深入敌心脏窃取其核心机密。可以说，有了无人机，战场上各种信息的获取就有了更可靠、及时的保障，战场决策变得更加快捷、作战指挥更加有力，作战效益成倍提高。伊拉克战争期间美英联军的作战信息中就有三分之一是依靠无人机获得的。

现代战争陆、海、空、天、电五维一体化趋势日益明显，特别强调联合作战及各种作战平台的无缝隙连接。而无人机在这方面可发挥重要作用。在联合作战中，无人机与各军兵种力量配合，除可为其提供各种情报外，还可用多种手段支援其作战：如无人电子战飞机可对敌方实施近距离的电子干扰或诱使敌暴露目标，施放干扰箔条，成为电子战中的重要力量；无人作战飞机可作为前锋执行防空压制任务；无人机还可执行战斗求援、战场管理、战区导弹防御、导航、反雷、心理战、反催眠、气象探测等多种任务。无人作战飞机与地面和海上力量配合，可为地面及海上兵器指示目标和实施火力校射，增大和延伸其射程，提高打击精度，缩短攻击目标时间，与空中力量配合，可在有人机前方飞行，起到掩护有人机作战的作用，并在有人机的指挥、控制下完成各种任务；与天军力量配合，可作为卫星和高空侦察飞行器的重要补充，能够获取比卫星更加详细、清晰的图像，使用起来更加便利。在各种作战平台的无缝隙连接上，作为机载通信节点，无人机能将各种作战平台更好地连接在一起，增强其通信能力及连通性。因此，越来越多的国家将其作为网络中心战的重要组成部分。美军已把无人机纳入“战场数字化”系统和C4ISR系统中的“情报侦察分系统”；美陆军的“未来作战系统”中无人机的数量将达到6600架之多，并与有人机、地面车辆、炮兵等连为一体，通过高速通信系统，形成一个现代化的作战网络；海军提出的“雷达项目计划”将无人机、无人潜航器等纳入远征传感器栅格，形成一个传感器系统大网络；全球攻击特遣部队研制的飞行任务战斗管理系统把包括无人机在内的陆地、海上和空中的所有平台集合在一起，无人机将配合有人机完成战斗任务，协调各种力量对敌领土纵深实施打击。

高技术信息化战争使用精确制导武器的比重越来越大，核、生、化武器并存，杀伤力增大，参战人员将面临巨大风险。无人机在代替有人机执行危险任务时，能最大限度地避免人员伤亡。因此，无人机便成为实现非接触、零伤亡作战思想的最佳选择。此外，无人机因不必考虑人体生理条件的限制，在设计时可最大限度地发挥技术优势；因不必考虑飞行过载压力、自然或机械条件变化给人带来的不适等，可大胆使用各种隐身技术，配置强辐射设备，增加续航时间等，使其能够完成各种从前“不可能完成的任务”。

无人机最早应用于军事上是作为靶机充当诱饵. 然而随着大批高新技术的应用，其用途越来越广泛，作战任务逐步多样化，在侦察、效能评估、电子对抗和攻击目标等方面的作用日益突出，从而跃升为能适应多种作战任务的、全新的信息化装备，在战场上有着举足轻重的地位和作用。现代战争不可能没有无人机的参与。

实时长时传输信息，作战效能高

现代无人机具有长航时、多种高度飞行的性能，例如在海湾战争中美军使用最频繁的“先锋”无人机可以在 100 米—4000 米的高度，连续飞行 6—9 个小时，活动半径达 185 千米，能够近实时地传送电视图像，随时监视双方地面部队的行动。海湾战争期间美国海军陆战队司令官沃尔特·E·布梅尔说，当他所指挥的部队向科威特市逼近时，从指挥车上收到无人机传来的图像，可以随时监视伊拉克军队的情况。新一代无人机具有更强大的获取和传送精确信息的能力。被军事战争媒体青睐的“捕食者”无人机，具有长达40小时的续航时间，其机载的合成孔径雷达SAR、前视红外仪FLIR，955毫米可变焦双色电视摄像机DLTV、作用距离270千米的C波段视距数据链、UHF和VHF无线电台、全球卫星定位系统GPS，使之不仅具有了全天候、昼夜实施侦察、盘旋监视的能力，而且具有了通过卫星将拍摄到的作战地区的视频图像或带精确经度、纬度、高程三维坐标的目标信息直接实时传送的能力。

“全球鹰”无人机在马里兰州上空飞行

“全球鹰”RQ-4A是美国高空远程无人驾驶战略侦察机，可同时携带光电照相机EO、红外传感系统IR和合成孔径雷达SAR。该雷达获取的照片可精确到1米，定点侦察照片可精确到0.3米。对以每小时20千米—200千米速度行驶的地面移动目标的定位，可精确到7

千米。一次任务飞行中，“全球鹰”既可进行大范围雷达搜索，又可提供7.4万平方千米范围内的光电或红外图像，目标定位的圆误差概率最小可达20米。合成孔径雷达SAR能穿透云雨等障碍，连续监视运动的目标。

起飞简单，使用灵活

大部分的无人机不需要专门的场地起飞。可以由母机携带到空中投放，操作手手抛投放或者是气压、液压弹射，火箭零距离发射、火箭助推短距离滑跑、滑轨升空或者是垂直起飞。无人机这一特性，正适应了现代信息化战争的发展需要。无人机可以在稍有条件的位置使用，比如在海滩、地面、汽车、舰船甲板、楼顶上起飞，甚至可以从建筑物的窗口处、从操作员的手中起飞。起飞位置的广泛适应性，使指挥人员可以在战场上灵活掌握使用的时机和地点，如侦察障碍物的背面、部队的侧后翼等位置，拓展作战人员的视野。

设计简易，战场生存能力强

设计没有人驾驶的飞机相对设计有人机来说就简单多了。其一，设计无人机，设计师完全不用考虑人的因素。从有人战斗机的设计上看，有人驾驶的战斗机飞行员的体重占飞机有效载荷的15%，关系飞行员生命安全的救生、供氧和电子支援系统占飞机总费用的50%。无人机免掉上述问题，减掉了许多设计难点，设计变得比较简单，造价低廉，使用也比较简单，维护更加方便。其二，可将有人驾驶舱改为武器储存舱，这样一来，无人机就可以减小体积。据计算，性能相同的无人机和有人驾驶飞机相比，体积减小约40%，减轻了重量。

其三，考虑到人的生理承受能力，新型战斗机的过载设计一般不超过10G，而对于无人机，只考虑材料的承受能力，其过载设计可达20G，这一设计，将无人机飞行的灵活性提高了一个几何数，无人机可以在战场执行任务时，大加速度、大角度机动飞行，避开敌方的打击或可以灵活地对敌方目标实施高加速度、大角度地攻击。其四，现代无人机多采用复合、隐型（形）材料，雷达特征小，无人机发动机功率比较小，红外、声音特征也比较小，战场上生存能力较强。

无人机的战场多能性

随着军队武器系统的整体发展水平的提高，无人机机载设备功能的强大以及与无人机匹配的武器越来越多，扩展了无人机的使用范围。无人机作为靶标，可以评估武器系统性能；作为模拟器材，充当导弹、战机，可以配合部队的训练，提高部队战术、技术水平；在战场上，能执行战场侦察、监视、巡逻、电子侦察、探雷、核生化探测、气象探测、通信中继、电子干扰、战斗评估、雷达诱骗、火力校射、战场救援等各种非杀伤性任务，又能执行诸如激光制导、目标指示作战、支援保障任务，甚至在战场上执行打击地面固定目标和活动目标、反装甲、反导弹、反辐射和反舰艇、反飞机等硬杀伤任务。从无人机目前的技术、战术性能看，不论陆、海、空哪一个军兵种使用，都可以立即提升其立体作战能力。

不可或缺的侦察手段

在战场侦察方面，无人机因没有人员伤亡之虞，可深入目标区进

可担负多种任务的美国 X-47B 舰载无人机

行长时间的连续飞行侦察，并能实时发回有关地面目标的机动情况和其他战场最新变化情况，而且作为侦察卫星和空中侦察飞机的重要补充手段，全面提升了战场侦察与预警能力。在近几场局部战争中，无人机已经大量用于对敌方活动地区进行侦察、监视和毁伤评估，逐渐成为军队获得实时高精确情报的主要手段。

与侦察卫星和有人驾驶侦察机相比，无人侦察机具有独特的优势。这表现在：与侦察卫星相比，侦察卫星环绕地球飞行，每天飞越目标上空的次数是有限的，经过目标上空的时间也很短，但无人侦察机在执行任务时可按指挥员的意图，在指定的目标区域上空盘旋飞行十几小时，甚至几十小时，连续进行侦察与监视、截获和收集目标区域完整的情报，并可渗透到目标区域纵深内实施侦察，以获取低功率信息情报，这样就可弥补卫星侦察的间隙；同时由于无人侦察机飞行高度与侦察卫星相比要低得多，最高也不过2万米，其目标侦察的分辨率相对较高，且不易受目标区域上空云层等因素影响。与有人驾驶侦察机相比，无人侦察机目标小，反射截面小，同时大量采用非金属材料，信号辐射低，不易被探测，被击落的可能性大大降低，生存能力较强，即使被击落，也不会造成人员伤亡。另外无人侦察机还可以长时间在目标上空滞留，这也是有人驾驶侦察机所不能及的，并且无人机受气候条件限制少，昼夜可用，能执行高危险任务，可实时传输目标图像，可为作战指挥员提供更多、更快的战场信息，与侦察卫星和有人侦察机一并构筑起一张严密的信息网。

有效的电子战装备

在电子战方面，无人机可以通过电子干扰、电磁佯动和充当诱饵等方式，大大提升部队的电子对抗能力。无人机具有良好的滞空性能，且可以实施抵近干扰，能以较小的干扰功率获得较好的干扰效果。同时，它还可以进入敌严密设防的危险空域执行电子侦察任务，既能侦察到一些功率较低的电子信号，又能诱使敌方电子设备开机。此外，反辐射无人机还是对敌雷达等实施硬杀伤的有效武器。当前，应用无人机进行电子干扰的主要任务是掩护己方飞机突防和实施对地攻击，干扰重点对象是敌火控雷达，包括防空导弹制导雷达和高炮火控雷达。另外，使用电子战无人机进行通信干扰也有着广阔的前景，因为无人机实施干扰时与敌方距离较近，而距己方阵地较远，所以不易使己方通信受到干扰。实践表明，对敌方关键的通信节点进行干扰能起到重要作用。

在贝卡谷地之战中，以色列利用“侦察兵”和“猛犬”无人机诱骗叙军雷达开机，获得了雷达的工作参数并测定了其准确位置，而后使用有人机对目标实施精确轰炸，仅用短短的 6 分钟，便摧毁了叙军的 19 个“萨姆”导弹阵地。在“沙漠风暴”行动中，多国部队用“鹈鹕”BQM-74，“大力士”等无人机，模仿各型轰炸机的电子信号，诱使伊军防空雷达开机，防空导弹发射，当目标暴露后，使用 F-4G，B-52，“旋风”GR-1 等战机将其彻底摧毁，重创了伊拉克的防空系统。

战区和战术通信的桥梁

在现代战场上，无人机可以用于通信中继以提升战区和战术通信能力。美军一项研究表明，若采用无人机作为机载通信节点，可以将通信扩展至卫星业务达不到的地方，并获得大大优于卫星的通信密度，改善接收的抗干扰性能，提高战术通信的响应速度，从而有效增强战区和战术通信能力。在科索沃战争中，美军的“猎人”无人机担负着“阿帕奇”与作战指挥中心之间的通信中继任务，它不仅能为直升机勘察进入和撤离的路线，确定目标位置和指示目标，在射击后立即进行毁伤评估，而且可以通过通信中继使“阿帕奇”的活动半径扩展到 250 千米以上。

目前世界各主要国家装备的无人机一般都具有信息中继和目标指示的能力。利用无人机进行信息中继传输，可以将侦察到的目标信息快速传递给各类导弹等攻击武器，使它们能够实施超视距攻击。同时无人机可以不断实施火力校射，增加火炮、导弹的精确度，提高打击精度和毁伤能力。如俄军在车臣战争中，用“蜜蜂”-1T 无人侦察机在指定区域盘旋飞行，将侦察发现的情况实时传输给地面指挥控制站，指挥控制站又将信息传输给“旋风”和“姆斯塔”榴弹炮上的信息接收系统并控制火炮自动瞄准目标进行射击，与此同时，“蜜蜂”无人机将火炮毁伤效果实时反馈给地面控制站，进行弹道修正，从而使俄军的火炮从发现目标到击毁目标只需 2 分钟—3 分钟，比一般火炮缩短了五分之四，同时节省弹药三分之二。无人机还可以对目标进行定位，引导有人驾驶攻击机进行攻击。以色列对巴勒斯坦激进派精神领袖拉辛的定点清除行动中，同时派出了 3 架无人机进行了精确定位，引导武装直升机进行导弹攻击，一举成功。

实施空中打击的重要力量

近几次局部战争表明，随着一体化防空系统和反空袭手段的不断发展，有人作战飞机面临的威胁逐步增大，作战效能受到严重制约。因此，无人作战飞机正逐步承担起部分防空压制和空中打击任务，其作战效能在阿富汗战争和伊拉克战争中得到肯定。

使用战斗无人机对目标进行攻击具有一些突出的优点：一是可大幅提升空袭一方的攻击能力。由于无人机几乎可以在任何时间、任何地点起飞作战，同时从多方向快速突防，防空武器要抗击的目标类型进一步增多，防空作战面临的技术难度将成倍增加。微型无人机的快速发展和应用还将扩展传统防空的外延，使得防空问题无处不在；二是将空前增大防御一方的心理压力。无人机的战术使用具有很大的灵活性，可用于侦察和电子干扰或直接参与攻击，也可以作为诱饵配合有人机作战，可用小型无人机编队模拟大型飞机，也可以增大其雷达反射面积，用少量无人机模拟集群目标。此外，如何抗击无人机的饱和攻击也是反无人机作战的一大难题。因此，无人机作为杀伤性武器

可执行通信中继任务的“苍鹭”无人机

大规模投入进攻，必将对防御方指挥员的心理产生巨大压力，严重干扰作战决策。

特种作战的力量倍增器

微、小型无人机具有重量轻、便于携带、使用操作简便、机动性强、成本低和不易被发现等优势，可完成较小范围内的战术侦察、战场监视、查明障碍物后的目标情况等作战任务，提供一些卫星和有人侦察机无法获得的局部信息。在伊拉克战争中，美侦察分队和特种部队使用了“指针”、“龙眼”等小型无人侦察机，及时、快速地获取了大量战场信息，为独立行动的小型部队掌握战场主动权和做出果断、正确的决策发挥了重要作用。未来信息化战争对信息的要求将越来越精，每一个微小的信息都可能导致战场态势的彻底改变和战争主动权的易手。在这种情况下，小型无人机和微型无人机将在未来战争中发挥重要作用，使指挥员不仅掌握整个战场态势，还可随时获得战场上的一些重要的局部情况。海湾战争后，美国加紧研制微型机的步伐，目前美国生产微型无人侦察机的工艺已趋于成熟。特别是“黑寡妇”微型无人机已投入使用，在阿富汗战场，由特种部队进行实战检验，“大黄蜂”微型无人机还准备作为美陆军“未来作战系统”中的排级用无人机。微、小型无人机的使用将全面拓宽战场信息来源，使各级指挥员，特别是旅以下侦察分队和特种部队人员及时掌握所需的战场情报，增加小分队，甚至是单兵的战场感知度。

美“海豹”突击队员在调整无人机设备

诱人的性价比

在以往的军事技术发展过程中，武器装备效能的提高都面临着一个耗费比的问题，越是先进的武器装备，其研制和使用的费用就越高。因此，发展高新武器装备与国家的承受能力之间的矛盾日益凸显。比如，伊拉克战争中，美军因为大量使用高技术武器装备，导致战争消耗急剧增大，费用急剧增加，致使精确打击行动成为一场耗资巨大的军事行动。为满足所需的庞大开支，美国在作战过程中虽然多次增拨军费，但仍难以满足战争需求。如果不是从盟友得到战争经费支持，战争费用就将成为美国沉重的经济负担。以、俄、英、法、德等欧洲各军事强国既希望保持和增强自己的军事实力，又苦于资金紧缺。因此如何以最小的费用研制和使用武器装备，同时又能最大限度地提高武器装备的效能问题，即如何提高其效费比问题，是各国都在追求的目标。而无人机的发展恰好满足了经济有效的武器装备发展原则，从而显示出旺盛的生命力。

价格较低，可以节省采购费用

无人机的采购价格低于有人驾驶飞机，首先是由其较低的研制费所决定的。例如美国研制的“骑士”无人机研制费用为 2.685 亿美元；“捕食者”中空长航时无人机研制费为 2.099 亿美元；世界最先进的“全球鹰”高空长航时无人机研制费用为 3.707 亿美元；“暗星”高空长航时隐身无人机研制费用为 3.269 亿美元；X-45 无人作战飞机的研制费用为 1.02 亿美元。而有人驾驶侦察机，如 SR-71 的研制费高达 9.15 亿美元；第三代战斗机 F-15 的研制费就高达 20 亿美元；第四代战斗机 F-22 的研制费用高达 200 亿美元。无人机之所以可以节省大量采购费的另外一个原因是由其自身独有的特点，即无人驾驶所决定的。航空界有个理论，即飞行器的采购价与它的空机重量成正比。按照目前的采购价格，大约每磅 1500 美元。有人驾驶飞机的驾驶舱设备通常包括弹射椅、显示器、供氧设备、空气调节设备和救生服等，这些设备的重量加起来大约有，单座机 3000 磅，双座机 5000 磅，换算成价格、大约在 450 万—750 万美元左右。这并不意味着无人机不需要驾驶控制舱，只是将有人驾驶飞机的驾驶舱搬到了地面，当然其价格也不菲，但从美国等西方发达国家无人机研制发展的趋势看，地面控制站正在向着一站控制多架无人机的方向发展，按照美国无人机研制计划，今后无人机控制站将最多可以控制 36 架无人机。

这样的话，购买无人作战飞机的数量越多，其购置费就会越低。如购买一架 F-16 战斗机的价格为 3000 万美元，购买一套最新型无人作战飞机系统，包括地面站，其价格与一架 F-16 战斗机的大致相当，但这里地面站价值 2000 万美元，如果能够实现一个地面站控制 6 架无人作战飞机的话，就可以比购买 6 架 F-16 战斗机节省 1 亿美元。

可节省大量使用、训练和维护费用

如果我们以一架有人驾驶战斗机与一架无人作战飞机相比，可以发现，在使用的效果上，有人驾驶飞机与无人机相比，差别不大。例如，对一个 1200 米以外的目标，使用 1000 磅的 JDAM 弹药进行攻击，使用 F-16 和一架无人作战飞机，效果基本相同。但是，在使用费用上却能显出巨大差距。一架 F-16 有人驾驶作战飞机的飞行寿命时间约为 8000 小时，但它 95 %的飞行寿命时间都用来训练飞行，真正执行任务的时间只有 5%，即 400 小时；无人作战飞机，尽管它的飞行寿命一般只有 5000 小时，但有 50%的飞行时间可以用来执行任务，即 2500 小时。这样计算下来，无人作战飞机执行任务飞行时间要比有人驾驶飞机多出 12.5 倍，使用寿命时间与执行任务时间之比为 50%比 5%，除军事演习和进行实战外，无人机平时可像导弹一样库存维护和保养，战时投入使用，相关作战训练可主要依靠模拟训练完成。这样可节省大量的训练费用。另外，无人机无需驾驶员进行机上操作。据国外统计，有人驾驶飞机 70%的坠毁事故是由驾驶员操作失误导致，而无人机不存在驾驶员操作失误引起的坠机事故问题，即便是由于自动驾驶系统问题而引起无人机坠毁，也可以通过修改软件，防止同一型号的无人机再发生类似的事故，但有人驾驶飞机，一

以色列技术人员正在检查“苍鹭”无人机

名飞行员发生事故，通过学习和训练也达不到使所有的飞行员避免类似事故发生的水平。虽然无人机操作软件的改进是一个过程，不可能一劳永逸，但它总会向不断完善的方向发展，发生事故的比率也会不断降低。而且，无人机由于没有飞行员，可减少飞行中队或编队的规模，其编制规模要比有人驾驶飞机编制小得多。人员维持费，在各国军费开支中占有很大的比例。一名飞行员，在使用过程中，要提供各种工资、福利等待遇，一旦发生机毁人亡的事故，军方还要给予大笔的抚恤金，而且飞行员的伤亡给同类人员所造成的负影响更是难以用金钱来衡量。

国外分析认为，无人机飞行中队编制人员的规模与有人驾驶作战飞机相比可减少10％—20％，这样还可以节省大量的人员维持费。

可节省作战与支援保障费用

无人机体积小、重量轻，与有人驾驶机相比，机体体积可减少40％以上。因而无人机起降简单，操作灵活。各国无人机的起飞方式虽然多种多样，归纳起来不外乎以下几种：短距起飞、垂直起飞和由其他飞行器携挂抛射起飞以及由单兵手抛起飞。就是借助跑道滑跑起飞的无人机，其滑跑距离要比有人驾驶飞机短得多，可短距起飞。舰载无人机也不像有人驾驶作战飞机那样对航空母舰的起降甲板有严格的要求。特别是微型和小型无人机，大小仅有几厘米和几米，可由单兵手持发射，更无须跑道或机场，另外还可节省为飞行员提供必要服务的人力物力，从而大大降低了作战与支援保障费用。国外分析认为，无人作战飞机可以比使用有人驾驶作战飞机节省55％—80％的费用，有人认为这种比例应该会更高。

虽然美军在近几次局部战争中大量使用无人机后得出的结论是，无人机与有人机相比节省的费用有限，但这是因为目前无人机控制与制导技术还不成熟，一个地面站大多只能操纵1架，多者3—4架无人机，而且有些无人机需要多人操纵，花费在控制无人机上的人力和物力过大，但随着无人技术和一系列高新技术的发展，这一问题不久将会得到解决或改观，无人机的费用也将随之降低到上述应有的程度。

当代有人驾驶侦察机，如SR-71的单价为2260万美元，TR-1高空有人侦察机采购价高达4000万美元，U-2战略侦察机造价5200万美元，而世界上最先进、最复杂，最昂贵的“全球鹰”无人侦察机，造价仅为2000万美元。有人驾驶飞机昂贵的费用已严重制约着各国武器装备的研制、采购与使用。美国就提出将退役的F-16有人战斗机改装为攻击型的无人机。无人机因无飞行员，结构简单、重量轻、体积小，使用方便、易于操作和维护，故其研制费、生产成本和维护费要比有人飞机低得多，同时培养1名无人机地面操作手的费用也远远低于培养1名飞行员的费用。美国2000年采购了4套“影子”200型无人机系统，每套包括4架飞机和1个地面站，每套系统的采购价为1045万美元；“捕食者”采购单价为250万美元；印度空军和印度海军购进的“拉克什亚”无人机，每架无人机大约是2050万卢比，约合43.62万美元；以色列生产的“哈比”反辐射无人机的单价约为70万美元。因此，效费比高的无人机无疑将受到各国的青睐，而加以大力发展或引进。

法国诺曼底奥马哈海滩的美军公墓

让“零伤亡”的目标更加接近

无人机是实现“零伤亡”的最佳选择。“零伤亡”作战思想，是美国最早提出的，其核心就是要在战争中最大限度地避免人员的伤亡，尽可能在战争中减少军事行动对作战人员造成的伤害并不断提高作战的效能。

早在上世纪20年代，意大利将军杜黑就创立了制空权理论，他精辟地指出，“掌握制空权就是胜利，丧失制空权就是失败”。现代条件下作战，是陆、海、空、天、信息全维整体作战，制空权的地位不容置疑，然而，有人驾驶的飞机要突袭敌人的防空导弹、高炮组成的严密的防空系统，无疑是自杀。第四次中东战争中，以色列空军派遣“鬼怪”F-4和“天鹰”A-4战斗机，首攻突袭埃及在苏伊士运河由苏制ZSU-23-4四管23毫米高炮、“萨姆”-4低空防空导弹、“萨姆”-6中空防空导弹组成的强火力防空带，开战第一天，以色列就被埃及防空火力击落30余架战斗机。

资料链接：战略空军之父——朱里奥·杜黑

意大利将军朱里奥·杜黑，是第一次世界大战后颇有影响的一位资产阶级军事理论家，在世界空军学术思想史上具有举足轻重的地位。他最先系统地阐述了建设空军和使用空军的思想，创立了制空权理论，因此，被称为“战略空军之父”。杜黑是空中战争论的主要创始人，有较强的预见性和创新精神。他的军事思想对空军理论的发展起了先驱作用，在近代军事思想史上占有重要地位。有人把《制空权》一书与美国海军理论家A. T. 马汉的名著《海权对历史的影响，1660～1783》并列，称他为“空军的马汉”。同时也有人反对杜黑的论点，称之为“武断和空想”。尽管各国对杜黑的军事思想评价不一，但它对许多国家的国防建设尤其是空军建设都产生过不同程度的影响。

杜黑关于建立独立空军、夺取制空权、集中使用空中力量、空中进攻等思想，经过第二次世界大战的检验，已为许多国家所公认。但他夸大空军和战略轰炸的作用，如认为空中力量是决定性力量，空中战场是决定性战场，掌握制空权并进行战略轰炸就能赢得胜利等，都带有明显的片面性。

无人机的最大好处就是，不存在飞行人员伤亡或被俘的危险，这也是发达国家格外关注和重视无人机的原因。无人机可在核、生、化或其他危及到生命的特殊条件下执行侦察、监视、目标定位、跟踪任务；可在突防中担任电子诱饵，充当开路先锋，反辐射无人机做自杀性攻击，可以摧毁雷达、拦截战术导弹和巡航导弹等。总之，凡是有危险的任务，无人机均可以在地面操作人员的遥控或预编程序的控制下，毫不犹豫地去执行，而且，指挥员不必担忧有人员阵亡，政治家不必冒政治风险。

未来局部战争使用精确制导武器的比重越来越大，核、生、化武器并存，战场环境威胁增大，未来空袭与反空袭斗争更加激烈，对空中和空间目标的威胁增大，有人驾驶飞机将面临巨大的风险，飞行员首当其冲，战场伤亡的几率越来越大，作战效能受到严重制约。而无人机在使用过程中，完全可以不考虑人员伤亡问题，它可以在高密度的防空火力区内，执行有人驾驶飞机难以执行的高危险任务，即便是在遭受核生化污染的环境下执行任务，也丝毫不用为人身安全担忧；无人机还可以适应更大飞行过载的压力和更加恶劣的飞行环境，留空时间也不会受到人类体能限制，可以完成多种对作战人员来说是“不可能的任务”，从而在空中占据绝对优势；同时，无人机在作战时，即使被击落，也无须担心驾驶员落入敌军手中，更适于执行危险性高的任务。美军在零伤亡作战思想的驱动下，比以往更加重视飞行员的人身安全，而无人机正好可以帮助美军实现这种作战思想，成为达到“零伤亡”的理想工具。

第五章

“网”助高飞

——无人机在网络中心战中的应用

信息化与无人化是未来战争发展的两个方向，其中网络中心战是信息化战争发展的一种典型样式，无人机是无人化兵器的先锋。网络中心战与无人机的结合，能够做到优势互补，极大地适应了未来战争的需要。信息网络为无人机平台提供信息支持，使其能够实时感知整个战场态势，取得决策优势。无人机平台具有隐身能力更强、续航时间更持久等优点，提升了网络中心的感知能力、通信可靠性和毁伤效能。

在伊拉克战争中，演绎了网络中心战与无人机的完美结合。由无人机、F/A-22和F-35隐身战斗机和其他飞机组成一个网络，对对方进行探测，实施电子攻击、心理战和信息战，并取得近乎完美的战果。信息进攻无人机，飞越伊拉克上空，投放计算机网络攻击包，对其计算机网络进行破坏和控制。电子侦察无人机对伊拉克境内的商用移动电话、卫星电话和无线局域网络等展开侦察、跟踪、渗透和提取信息，通信中继无人机极大地提升了战场通信带宽，保证了通信的质量和稳定性。可以预见在不久的将来，空中战场将会是大量用网络连接的无人飞行器之间的对抗。

美军 F-22A“猛禽”隐形战斗机

网络中心战的兴起和概念

网络中心战是一种崭新的作战方式，它从作战观念、作战力量、作战信息、作战秩序、作战效果等方面对军队战斗力要素进行系统整合，使军队战斗力的建构方式和成长方式发生不同于以往的根本性变革。从数量规模的线性累加进入到信息结构的非线性跃升，与此相适应，军队的组织结构也随之从纵向树状结构转变为横向扁平结构，从而使信息化战争呈现出以体系对抗为特征的高度一体化联合作战景象、以基于效果为目标的非线式作战景象和以军事打击与政治作战高度融合的精神信息战景象。

网络中心战的兴起

二战以后，特别是 70 年代以来，舰艇的吨位、飞机速度和坦克的装甲厚度等作战平台本身性能的提高几乎接近极限，而信息技术的飞速发展，使得作战平台上所载电子信息装备的精确制导武器、弹药的发展却仍有很大的余地。正是由于大量新型的电子装备和精确制导武器的出现不断赋予现有作战平台以新的活力，实现作战能力的更新。因此，在拥有“足够好”的军舰、飞机和坦克等作战平台后，就不必去发展所谓“最好的”作战平台。将各种作战平台连接起来，形成一个共同感知，协同配合的整体成为了战争领域的新需要。

资料链接：美国国防部

美国国防部是美国武装部队的最高领导机关。军种部是各军种的最高行政领导机关，负责本军种的人事与行政管理、部队组建、战备训练、兵役动员、武器装备研制与采购以及后勤保障等。

美国国防部当前体系由国防部长办公厅、参谋长联席会议、3 个军种部、10 个联合作战司令部、国防部所属 16 个局和 6 个专业机构组成。它的中心是五角大楼。国防部的领导是美国国防部长。根据美国宪法，总统兼任武装部队总司令，是全军的最高统帅。总统通过国防部的陆、海、空三个军种部对全军实施行政领导。1949 年的《国家安全法》修正案，规定国防部为政府一级部，三个军种部为其下属部门，确立了国防部对全军的统管地位。

1996 年，美国在《2010 年联合构想》中首次提到网络中心战；1997 年，美国海军提出网络中心战思想；2001 年 7 月，美国国防部向国会提交了长达 1000 页的“网络中心战”报告，首次提出并论证了网络中心战这种新的作战方式；2002 年，美国国防部正式把网络中心战的理念写入国防报告；2003 年财年，美国国防部提出 23 亿美元拨款请求，要求用于网络中心战建设；2004 年 3 月 2 日美国《联邦计算机周刊》报道，美国国防部和相关企业将在下个 10 年内花费约 2000 亿美元实现网络中心战。2005 年 5 月，美国防部发布指令，规定由负责网络与信息一体化的助理国防部长兼任国防部首席信息官，负责网络中心战的建设和指导。2006 年 2 月的《四年防务评估报告》重申了网络中心战的战略地位。

网络中心战的概念

在美国国防部 2001 年 7 月提交给国会的报告中，将网络中心战定义为“通过部队的网络化而进行的军事行动”。在美国国防部“先进概念与技术中心”出版的《网络中心战》一书中，将网络中心战定义为“基于全新思维方式——网络中心思想之上的、并用于军事行动之中的、关于人员和组织的理念”。而在美国海军的一份报告中，则将网络中心战定义为“利用现代信息和网络技术把很分散的决策者、态势感知传感器以及部队和武器集成为一个高度自适应的综合系统，以实现从未有过的作战效能”。

“网络中心战”就是指利用通信系统和计算机组成的信息网络，将分布在广阔区域内的各种传感器、指挥中心和武器合成一个统一的高效系统，以实现战场信息资源的共享和利用。网络中心可分为三个互相链接的部分：传感网、信息网和交战网。传感网使得信息获取和实施打击后战果评估变得十分协调，战场空间也变得更加透明。高质量的信息网不仅提供了计算机处理和交换信息的基础，也是传感网和交战网结构关联的基础。交战网则是充分利用前者，并把它转化为战斗力的倍增器。在美军的概念理论模型里，“网络中心战”是一个综合性的系统，它由三个子系统构成，分别是：信息子系统，构成了“网络中心战”系统的主体；传感（情报侦察）子系统，下辖所有的情报侦察兵力与兵器；作战子系统，涵盖所有的作战兵力兵器和指挥机构，可指挥到战术级单位。需要指出的是，不管是战术级、战役级还是战略级，任何一级的指挥机构都可以进行“网络中心战”，而且不受地理环境、作战任务、部队编成、指挥结构等因素的制约。

网络中心战提升无人机作战能力

孙子兵法讲：“兵之情主速”是说取得战争胜利的关键在于速度。古代兵战尚且如此，信息时代的战争，速度更是无限的升值了。信息化战场上的“快吃慢”已成为一条制胜的通则。换句话说，如果能够在感知、决策和打击等方面始终都能赶在对手的前面一步，就能取得战争的胜利。反之，在信息化战场上如果没有感知优势和决策优势，就没有速度上的优势，也就没有胜势。

为了获得战场感知优势和决策优势，无人机就要依托战场网络的支持。单一一架无人机不管其侦察、探测设备多么先进，其感知的范围和内容是很有限的。无人机加入网络中心战后，其对战场的感知能力将会是全局性的，能通过四通八达的战场网格掌握部署于千里、万里之外的传感器获取的信息。同时，战场网络将无人机紧密相连，各种信息和指令传输将会更加稳定，无人机之间能够实时掌握我情和友邻情况，将极大地增强无人机之间的协同能力。

加入网络中心战提高了无人机的战场感知能力

加入网络中心战能大幅度提高无人机的战场态势感知能力，多种类、多空间、多维度、宽范围的传感器网格，形成了空间上、频率上的相互补充，构成了宽频段、大时空的立体监视网络。部署于千里、万里之外的传感器一旦获取信息，就能在瞬息之间汇入到统一的情报数据库之中，经过网格化计算机迅速融合计算分析这些不同来源、不同种类的情报信息，进而在极短时间内就能够形成整个战场的态势图，并能通过四通八达的战场网格为分处在各作战空间的无人机提供实时的共享信息情报。因此，网络中心战中的任何一架无人机，其信息来源都将是整个战场传感器系统，战场感知的空间将是整个传感器系统的覆盖空间，战场感知的速度将是以秒计算的网格数据处理速度和传输速度。

我们知道，无人机的预警精度除与传感器精度有关以外，还与传感器的数量、各传感器之间的情报信息共享能力有更大的关系。经过战场网格化改造后的无人机，由于共处于一个网络空间内，可以共享来自其他作战平台的信息情报，由此大大提高了预警精度、扩大了预警范围和减少了预警时间。有一项试验计算表明，在特定条件下的4辆无人坦克，没有加入战场网格前的成功预警概率只有20%，而加入战场网格之后，成功预警概率高达99.3%。同理可推，无人机也应该如此。由此可见，无人机如果经过战场网格化之后，其预警精度会得到大幅度提高，这种提高完全是借助于传感器网格，而不只是其自身的传感器。在战场网格的连接和融合下，无人机的预警范围不只是其自身侦察设备的预警范围，而是部署在不同空间位置的整个侦察预警网络的预警范围。因此，在战场网格的支撑下，处在任何空间范

我国研制的四旋翼无人机可深入陌生地域进行侦察探测

围内的无人机的预警范围都将会得到大幅度扩展。此外，战场网格化的无人机的预警时间，取决于战场网络系统中某一预警平台最早发现目标的时间以及情报信息的处理速度和传输速度。战场网格融合超级资源的计算能力和带宽优化技术，能将处理时间、传输时间的延迟从单个平台所需的几十分钟、几分钟缩短到几秒，甚至忽略不计。经过战场网格化连接后的感知网格和无人机上的探测系统，在战场网格的支撑下其预警的时间和范围，与其自身所处的地理位置等都没有太大关系，而是取决于整个网格的作战预警系统。

加入网络中心战增强了无人机的作战协同能力

加入网络中心战还能大大提高无人机之间的协同作战能力。在战场网格支撑下，各无人机不仅能够清楚自身位置、友邻状况，也能对整个战场的作战态势了如指掌，更重要的是可以在战场网格的统一协调下，实现不同空间、不同感知平台和作战平台间传感器与传感器、传感器与作战系统的互操作，从而大大提高了协同作战能力。如所构建的无人化战场网络指挥控制网格，可以通过对网格控制下的分布在各空间位置的无人机平台的目标探测、操作控制和战斗攻击以及传感器网格进行统一，利用计算机和通信技术将它们有机地联系起来，实现作战信息共享，战斗行动统一协调。从而实现在网络中心战中，任何一架无人机或探测平台都是网络上的一个节点，都可以及时掌握战场态势和目标动向，使网格中的任何一个节点都具有复合跟踪与识别、捕获提示和协同作战三种功能。复合跟踪与识别是将网格中分布在战场不同空间的各无人机的雷达等探测器探测到的目标数据，经综合处理后得出目标航迹，各无人机平台都可据此进行目标跟踪与识别。捕获提示是在某架无人机已获得目标航迹的情况下，如果其他无人机平台的雷达还未获得，战场网格指挥控制系统可以自动给予提示，使其尽快捕捉到目标。协同作战功能是指在战斗中，某一无人机平台的雷达未探测到目标时，可根据其他作战平台雷达提供的目标数据实施攻击或引导攻击。以达到高度协同的能力。

由此可见，战场网络是未来无人机作战的重要基础，也是无人化作战平台形成整体作战能力的前提。所以，实施网络中心战可以把所有作战平台融合为一个整体，不仅能够实现信息共享，也能实施无缝隙协同作战，使每一架无人机都能在网格环境下发挥出最佳的战斗效能。正是由于战场网格先天具有的多种优势，无人机的应用才找到了最强大、最有效的技术支撑。

无人机在网络中心战中的典型应用

无人机将在网络中心战中发挥不可替代的作用。据美国《航空周刊》报道，无人机将成为网络中心战的关键，军方已有组建一支快速、隐身、无人驾驶侦察飞机分队的计划，这将极大地促进美军无人机的发展。为了适应网络中心战的需要，美国各大军火商加大了无人机的研发力度，各种具有多种功能的新式无人机将会纷纷问世。

自 1997 年美海军首次提出网络中心战理论以来，网络中心战得到了美军所有军种的认可，并发展成为美军的主要作战理论。为准备网络中心战，美军加大了开发新的信息系统和武器系统力度。由于无人机可以在网络中心战中实施信息搜集和精确打击等多项任务，因而备受美军的重视，并成为美军重点开发的武器之一。无人机在战场感知、通信中继、目标定位、精确打击、毁伤评估等领域的应用在阿富汗战争和伊拉克战争中得到了验证，极大地提高了美军的整体作战能力。下面围绕无人机在网络中心战中的典型应用进行介绍。

延伸了网络中心战的感知触角

网络中心战要求在多维、非线式战场上，实现战场态势的快速感知和高度共享，以信息优势支撑作战目标的达成。良好的战场感知能力成为实施网络中心战的基础。

资料链接：推动“捕食者”无人机发展的三类人

“捕食者”在 1995 年正式投入作战使用。从那时以后，“捕食者”就不断增加新的能力，这些能力使最初设计该无人机的人感到惊奇。三类人在推动“捕食者”无人机拥有完成多任务能力的过程中发挥着重要作用。第一类人包括几任空军参谋长，其中约翰·乍朋将军做出的贡献最大。第二类人是不为所知的但具有重大影响力的五角大楼办公室，该办公室被总参谋长称为情报、监视、侦察的A2/A2U办公室。第三类主要是空军物资司令部的“大远征”规划办公室的人们，“大远征”规划办公室负责管理众多特殊用途飞机的发展。

在1999年的科索沃战争中，“捕食者”无人机的出色表现获得了军方的认可。诺斯罗普·格鲁曼公司的RQ-4“全球鹰”在“持久自由”行动期间，长时间在阿富汗上空进行侦察监视，取得了很大成功。到2002年年中，阿富汗战争中无人机飞行了大约1300架次。在无人机的支持下摧毁了700个目标。“全球鹰”执行任务超过30个小时，期间共提供了600多幅图像。

鉴于无人机在阿富汗战争中的成功应用，美军在伊拉克战争中投入了更多的无人机，共有十几种，数量是阿富汗战争中的三倍。除了“捕食者”、“全球鹰”这些无人机“明星”外，还首次使用了“龙眼”、“阴影”等新型无人机，主要用于组成中低空战场感知网络，侦察监测伊军地面目标的机动情况。“全球鹰”在战场上方约18200米的高空，可以盘旋数十小时，用以捕捉战场移动目标；陆军的“猎人”无人机则向军、师级的特遣部队指挥官提供图像情报；海军陆战队的“先锋”无人机主要负责为夜间作战的部队提供实时的情报支援，而“龙眼”主要是为特种作战部队提供服务。无人机在伊拉克战争中的战场感知作用是不可替代的，在未来的网络中心战中，无人机的战场感知作用将会得到更大的发挥。

拓展了网络中心战的连接范围

网络中心战的主要特征之一便是范围广大的网络化战场，分布在战场上的部队要达到行动的协调一致，良好的战场信息网络是必不可少的。在阿富汗战争中，无人机作为空中中继通信站，承担了部分信息网络节点的作用。

早在2000年，美国空军的无人机作战实验室已成功地在“猎人”无人机上演示了态势感知数据传输（SADL）无线电台的军事用途，目的是把无人机位置信息送给攻击战斗机与地面部队，并把装有增强型位置报告系统（（EPLRS）的己方部队位置提供给前线空中控制器（FAC）和无人机载荷操作员。后来，美国空军和国防先进研究计划局发起的ACN（自适应C4ISR节点，即以前的机载通信节点）项目，不仅使无人机起中继通信作用，而且还起着一个“空中交换局”的作用，加强了信号情报、干扰和进攻性信息战功能（信息战功能包括把错误信号插入敌C4ISR系统中去的能力）。ACN可以适应不同的无人机平台，包括“全球鹰”、A160“蜂鸟”和“影子”200无人机。

在阿富汗战争和伊拉克战争中，无人机作为中继通信站在战场上得到了实战应用。无人机不仅可以把敌地面目标的信息传送给己方的地面作战部队和空中战机，而且可以通过自身的机载设备实现地面部队、空中战机和总部之间的互通，成为一个实实在在的信息网络的节点。

提升了网络中心战的打击精度

在网络中心战中，无人机可以极大地提高目标的定位精度，将定位信息传输给指挥中心，提高火力单元的打击精度。无人机以其灵活机动的性能、不受限制的飞行和对目标的连续监视能力，在传感器网络中有着举足轻重的地位。在阿富汗战争和伊拉克战争中，无人机通过自身携带的设备对目标进行精确定位，指示战机进行精确打击。

良好的分辨能力是无人机进行定位的基础。“全球鹰”每天可监视 4 万平方海里的范围、分辨力达到 30 厘米、目标定位精度优于 20 米。以高空监视方式工作的“全球鹰”无人机可以与在低空飞行的“捕食者”无人机协同作战，它们可以对目标进行三维成像。“捕食者”还可以与近距离战术无人机协作，例如美国陆军的“影子”200 无人机，它可协同作战的无人机包括国防先进研究计划局研发的 A160“蜂鸟”无人机，这种无人机利用其升空能力和动目标指示雷达探测极小的或慢速运动的地面目标。

无人机在网络中心战发展中的新动态

网络中心战需要持续的战场态势感知、迅速的战场情况判决、战场单向透明、战场信息数字化、持续稳定的通信支持。随着网络中心战建设的进一步深入推进，对无人机提出了更高、更具体的要求。为了适应网络中心战的发展需要，无人机将在以下领域取得改进。

无人机将具备战场判决能力

无人机和隐身的 F/A-22 和 F-35 战斗机可飞到离对方无线电网络很近的地方进行探测和攻击，以发挥最大效益。在这些飞机上将安装大量接收机，可收集敌方网络的详细信息，并确定其位置，即使敌方在移动中采用无线电话也能进行探测。

资料链接：美国军用飞机是如何命名的

1962 年以后，根据美国国防部的命令，美三军对军用飞机的编号方法进行了统一。美国军机代号一般由机种代号、设计代号、改型代号、任务变更代号、状况代号 5 部分组成。

机种代号是按飞机的主要用途或飞机的基本任务制定，原则上用一个拉丁字母表示。这些字母绝大多数取该类飞机英文单词的首字母，各机种代号如下：A-攻击机，B-轰炸机，C-运输机，E-特种电子设备携带机，F-战斗机，H-直升机，K-加油机，O-观测机，P-巡逻机，Q-无人机，S-反潜机，SR-战略侦察机，T-教练机，U-多用途机，V-垂直起落机，X-研究机，Z-飞船。设计代号用数字表示，按设计时间的先后顺序编号，列于机种代号之后。改型代号根据改进改型顺序，按拉丁字母排列顺序编号，列于设计代号之后。为避免与数字“1”和“0”混淆，不使用“I”和“O”两个字母。任务变更代号是表示飞机的基本任务有了改变，分别用下列字母表示，列于机种代号之前：A-攻击，C-运输，D-指令，E-特种电子装备，H-搜索救援，K-空中加油，L-寒冷地带用，M-携带导弹，Q-作靶机，R-侦察，S-反潜，T-教练，U-多用途，V-专机，W-气象观测。状况代号表示飞机处于研制、各种试验等状况的代号，分别用字母表示，列于飞机机种代号或任务变更代号之前。此外，这些飞机还有绰号，是美国人自己给飞机取的，如同给人取名一样。

美国空军正在计划使这些传感器更加精确，准备将 RC-135U “战斗判决”（Combat Sent）飞机的设备小型化后放在无人机和隐身战斗机上，无人机和隐身飞机能突破对方的空防，在离对方无线电网络很近的地方待上几小时甚至几天时间，跟踪对方的难以捕捉的信号。RC-135U “战斗判决”飞机是美国空军秘密的第 55 联队驾驶的一种大飞机，已用了几十年之久。飞机装备可对新的和不认识的电子信号进行精确测量和分析，以便确定对方电子设备的能力。但美国空军担心这种尺寸大而速度慢的飞机，容易成为被攻击的目标，不能达到突破对方空防的目的。

RC-135U“战斗判决”飞机可与RC-135“铆钉接头”信号情报飞机和EC-130“罗盘呼叫”电子干扰飞机协同工作，确定对方信号的位置，并对它们进行分析，而且在某些情况下，可进入对方通信网络进行监听，甚至控制对方的通信网络。美国已在近几年的联合派遣部队演习期间，用代号为“苏特”（Suter）的一系列项目对这种能力进行了验证。为了能使信号传感器和接收机装在无人机这样的小飞机上，美国正在大力进行加快电子设备处理速度、新型半导体材料和减小功率需求和降低成本等方面的研究。这方面的一些进展将从对F/A-22和F-35飞机传感器和接收机研究的投资中得到。另一些将来自雷神公司和诺斯罗普·格鲁门公司研究AFSA（有源电子扫描阵）雷达所得到的成果。在用网络对付网络方面，美国仍有一些长期以来一直存在的问题需要解决，比如如何兼顾军方既要对对方网络实施攻击，情报部门又要收集情报两方面的要求，因为如果破坏了对方的网络，也就无法收集对方的情报，了解对方的动态。

无人机联合行动试验

美国联合部队司令部（JFCOM）正在利用“可扩充标记语言”（XML）的能力，把各种平台的情报、监视与侦察（ISR）能力捆绑在一起，以便在情报和作战行动中进行合作。这种ISR综合能力将增加各战斗人员控制情报、监视与侦察装备的能力，并可共享瞄准信息，把目标识别与攻击间的时间从几分钟减少到几秒钟。

JFCOM在2004年进行了一个称为“前视”（Forward Look）的ISR综合试验。这个试验是无人机联合行动的重要步骤，试验综合了“捕食者”、“扫描鹰”、“影子”和“银狐”四种无人机的位置及其传感器指向区域的信息，形成一个公共作战画面（COP）。

JFCOM 通过接口将各种无人机的地面控制站联系在一起，收集信息，然后在地面站之间共享有关的信息。接口中采用了“目标上光标”（Cursor on Target，即 CoT）XML 模式作为标准，使一个系统与集团中的其他系统可就目标的“何处、什么和何时”信息进行通信。

“目标上光标”（CoT）融合来自激光测距仪、罗盘和 GPS 接收机的“何处、什么和何时”目标信息。然后此信息被送到一个情报系统，对数据进行精化，提高它们的精度和分辨率。XML 宏语言是一种便利而又经济的综合信息的方法，可使用户为交换有关特定课题的信息为自己设计定制的应用程序。

在“前视”试验中，有关前述四种无人机的信息，如位置及其传感器指向区域被综合在一个公共作战画面中，因此一名无人机操作员可同时看到来自所有其他无人机的信息。此外，还可以将这些信息输出给其他用户，如战术前沿阵地的指挥员和战斗人员。

IFCOM 还在试验使战斗人员通过单个操纵台能控制不同的无人机的位置及其传感器的指向。

无人机更趋小型化

美国军方认为，小型和微型无人机将在网络中心战中发挥重要作用。美军估计，在今后不到 20 年的时间里，翼展为 0.6 米的无人机将能携带足够完善的任务载荷进行监听、干扰、破坏或渗透敌方通信网。为了使任务载荷减小减轻到能由小型和微型无人机携带，且其厚度减薄到能方便在飞机上安装，同时又要具有相当先进的功能，就必须采用一系列新技术，使电子设备既能小型化和数字化，又具有先进功能。

未来的发展前景是在小型和微型无人机上，将天线嵌在机翼和机身结构内，而数字处理部分将移到靠近天线处，形成数字式射频（RF）孔径，即将数字接收机激励器和收发机与天线集成在一起，使数字式光纤成为天线与分布式计算机的通信通道。

资料链接：美国研发“口袋无人机”可折叠后随身携带

无人机在越来越广泛的领域应用，但它给人的印象向来不太轻巧，美国团队研发出“口袋无人机”，为无人机的开发应用指出了新方向。

据媒体报道，这种“口袋无人机”，上头不仅装设高画质摄影机，折叠起来后比7英寸平板还小，可以放进背包容易携带，而且因为内建GPS定位，当你在户外踏青时，它就能在天空追踪拍摄，甚至可圆你拍电影的梦想。“口袋型无人机”有别于以往的无人机，不仅尺寸轻巧，采用碳纤维材料，还可以折叠，方便携带，而且装在上头的相机是高画质，只要用手机或平板的APP软件操控，就能传回即时画面，甚至能依据指令跟踪别人，宛如小型空中间谍。

BAE系统公司计划生产很薄的传感器阵来为许多个带宽提供宽视场，它们可安装在机翼上或机翼与尾翼的前缘。这种二维相控阵形成的集成孔径将所有有关的电子装置集成在一起，具有光纤、无线和RF的即插即用连接手段。这种相控阵的每一发射器后面就有一块芯片用来以数字方式产生获得波形扫描所需的时间延迟。

将在小型和微型无人机上使用的新技术包括新型半导体材料、将RF能量转换为光或数字数据的微小型电路和微机电系统（MEMS）器件。有些技术在2-3年的时间里就有可能应用到小型无人机的任务载荷上。硅锗是种成熟的半导体材料，它与其他半导体材料一起可在一块芯片上实现射频转换和数字处理。BAE系统公司正在用这种技术发展宽带数字电子战接收机电路，将RF微波和低毫米波作为功能电路做在同一块芯片上，以提高功能密度。重34千克的几个黑盒子可缩小成重量约为100克的一个模块。超高速磷化铟异结双极晶体管技术也可把RF和数字功能集成到一块芯片上，靠近天线设置。其速度超过硅锗材料，而且耗用功率比硅锗小，但电路密度没有硅锗高。氮化镓（GaN）这种半导体材料可用于高能、固态功率放大器和模块，使电子战设备放到微型无人机上成为可能。目前的碳化硅技术的最大工作频率是2吉赫，GaN的最大工作频率是20—40吉赫。而且GaN能在很高温度下工作，故能承受电子战所需的功率。

反恐行动中使用的小型无人机

集成RF光电子器件涉及把RF能量和数字信息转换成光的集成度很高的集成电路，这样便可用轻巧的光纤来代替笨重的同轴线，从而减小航空电子系统的重量与尺寸。光电子处理也有滤波、放大和数字化等形式，是电子处理的采取光形式的翻版。这些器件能抗RF干扰，故携带大功率微波和其他RF武器的无人机可采用光传飞行控制系统，以免大的能量脉冲对飞行控制产生影响。

先进的微机系统可实现很高密度的RF能量互联，可用于相控阵雷达中的RF波束成形，还可应用于空空和空地通信，实现宽视场、多波束扫描能力和电子战功能。

第六章

精灵探秘

——无人机中的关键技术

无人机在现代战争的作用越来越重要，几乎每场局部战争都能看到他们的身影。无人机为什么能够在异常危险的战场中，完成各种复杂的军事任务。它们能够在高空实时感知战场态势、灵活的规避危险、对高价值目标实施精确打击。探寻无人机中的关键技术，了解无人机的能力来源至关重要。

无人驾驶的秘密

无人机里没有飞行员，却可以完成各种各样的飞行动作。为什么无人机能够在高空中实现自主飞行？下面我们将去探寻无人机实现自主飞行的秘密所在。

飞行控制技术是无人机实现无人飞行的关键，该项技术是伴随着飞行器技术的发展而发展的，它经历了从人工控制、辅助稳定控制、遥控飞行、辅助导航控制、自动飞行控制、主动飞行控制的发展历程。在强劲的军事需求牵引下，飞行控制技术迅速发展，极大地推动了无人机的蓬勃发展。由于技术的进步，特别是数字技术的飞速发展，使得导航和控制技术不断融合，现代飞行控制系统往往兼具导航和飞行控制两大功能。目前飞行控制技术主要分为遥控飞行技术和自主飞行技术。

遥控飞行技术

遥控飞行技术，是根据无线电波的传播规律，测出无人机相对地面控制站的距离和方位，利用已知的地面控制站位置，计算出无人机的方位，对其实施远距控制飞行，以保证无人机作战任务的完成。所谓遥控，就是对一定距离上的技术装备系统和单个对象进行控制，遥控飞行则是从远距离指挥无人机按预定的航线飞行。采用这种控制方式，需要有远距离的地面指挥站，或称遥控站，与无人机组成一套完整的系统，地面站的操纵人员，借助无线电指令引导系统，向无人机发出各种命令，指挥无人机按预定的路线飞行。为了不造成指挥失误，遥控站设置有搜索和跟踪雷达或光学跟踪设备，并借助“遥测”系统，随时了解无人机的飞行状态，及时修正指挥命令，使无人机始终处于操纵人员的控制之下。

目前，无线电遥控飞行无人机是应用最广泛的遥控方式，也是控制无人机飞行的主要遥控方式。无线遥控由上传指令链路和下传信号链路两个密不可分的环节组成，其工作原理是：

（一）上传指令链路

无线电遥控的基本过程：遥控站通过遥控发射机，向无人机发送无线电波，传达指挥命令（简称指令），无人机上的遥控接收机接收并译出指令的内容，通过自动驾驶仪，按命令操纵舵面或通过其他接口操纵机上任务载荷，如启闭航空相机等，这种控制方式又称指令遥控。为了发出正确的遥控指令，指挥无人机按预定的飞行路线飞行，遥控站必须能连续确定无人机相对地面的准确位置。遥控站设有搜索和跟踪雷达，它能测量无人机在任意时刻相对地面的方位角、俯仰角、距离和高度等参数，并把这些参数送入遥控站的电子计算机，经计算后，在航空地图上画出无人机的实际飞行航迹，并与预定的航线进行比较，求出它们之间的偏差，即航迹偏差，需要修正的航迹偏差就成为遥控指令中的一部分内容。

通常无人机上还装有一部无线电应答器，称为信标机，它是一种自动工作的小型收发信机，能在收到遥控站跟踪雷达发来的询问信号后，发回一个信号给跟踪雷达。由于信标机转发的信号比无人机反射雷达信号强得多，所以信标机可以起到增加跟踪雷达探测距离的作用。信标机也可以起到保密和识别敌我的作用，跟踪雷达的询问信号是加密的，只有己方的无人机的信标机才能识别并回答一个同样的加密信号。

（二）下传信号链路

遥测指令中只包含修正无人机航迹偏差的内容，显然是不够的。由于多种因素的影响（如气象条件，地心引力等），无人机的飞行姿态在不断变化，指令中还需要包含对飞行姿态的修正内容。所以，遥控人员需要及时了解无人机的飞行姿态，并掌握机内各个分系统的工作情况，如发动机的转速和温度，电源电压是否稳定等，遥控发出的指令是否收到以及执行任务情况等。

掌握无人机飞行姿态和机上各系统工作情况，是通过遥测系统来实现的。所谓遥测就是对被测对象进行远距离测量，其过程是：首先，传感器测出被测对象的某些参数（如飞行高度、航速、在空间的位置以及俯仰、偏航等），并转变为信号，然后利用通信和数据传输技术，将这些信号传递到远处的遥测终端，进行记录、处理及显示。

无人机的遥测和遥控装置，是一组功能十分相似而又不可分割的相对的信息传输部件。其差异是：遥控的发射机设在遥控站，接收机在无人机上；而遥测的发射机在无人机上，接收机设在遥控站。机上除遥测发射机外，还装有各种相应的传感器，用来感应、测量无人机的飞行姿态和各部分工作状态的参数，并转换为电信号。遥控站接收到的遥测信号也要送入电子计算机，经计算、对比形成误差信号，加到遥控指令的内容中。

无线遥控的优点是能根据敌变我变的原则，实时地指挥无人机飞行。并且操作简单方便，不受气象条件的限制，机载设备简单，精度比较高。但是，由于无线电波是直线传播，受地形影响比较大，因而，控制无人机的距离受到限制。如果想加大控制距离，必须将控制站设在另外一架有人驾驶的飞机上。另外，随着反干扰技术的发展，无线电指令在传输过程中很容易受到对方的干扰，必须加以严密防护，以提高无线电指令的安全性。

自主飞行技术

自主飞行技术，是指无人机依靠自控飞行、自动驾驶仪、全球定位系统（GPS）来控制其平稳飞行和执行作战任务的飞行控制技术。自主飞行也叫程序控制飞行。即无人机在起飞前，把预定的飞行方向、距离、速度、高度等参数，输入到无人机的机载计算机中，无人机在飞行过程中，机载计算机根据敏感元件测出的飞行状态参数，按预定的程序自动地控制自身的飞行。这种方法的优点是不受外界的电磁干扰，因而具有较高的可靠性和安全性。自主飞行，无须依赖机外指挥站，一切动作都自主地完成。为了保证无人机按预先确定的路线飞行，机上备有一套自控装置。实际上，遥控与自控这两种控制方式常常结合使用。一架现代无人机，可以在不同的飞行航段，交替采用遥控或自控方式飞行。

资料链接：什么是多普勒导航

利用多普勒效应实现无线电导航的机载系统。它由脉冲多普勒雷达、航向姿态系统、导航计算机和控制显示器等组成。多普勒雷达测得的飞机速度信号与航向姿态系统测得的飞机航向、俯仰、滚转信号一并送入导航计算机，计算出飞机的地速矢量并对地速进行连续积分等运算，得出飞机当时的位置。利用这个位置信号进行航线等计算，实现对飞机的引导。多普勒导航系统的工作原理属于导航方法的航位推算法。

为了使无人机能准确地飞抵目的地，飞机必须随时保持准确的航向，否则就会“失之毫厘，谬以千里”。有人驾驶飞机，机上不仅有驾驶员，大型飞机往往还配有专职的领航员。无人机上既无驾驶员，也无领航员，只是靠机上自动驾驶仪来代替驾驶员操纵舵面，控制飞行，而领航任务则由机上的“自由式”导航系统承担，指挥飞行的信号由程序装置提供。

国产“雷鸟”无人机正在进行自主降落测试

（一）自主式导航系统

自主式导航系统是指不依靠地面引导站或卫星的帮助，也不受天气变化和地形条件的影响，自己就能引导飞机、舰艇等运动体，到达目的地的系统。无人机采用的自主式导航系统有：多普勒导航系统、惯性导航系统等。

（二）程控装置

程控装置，是指挥无人机沿预定路线飞行并准确执行任务的装置。它是按AB时间顺序预先定好各个时刻无人机要完成的飞行动作，届时发出预定信号，用以检查比较多普勒导航系统、计算机输出的信号与预定信号之间有无差别。若有差别，则给自动驾驶仪一个信号，命令它操纵舵面偏转，纠正航迹偏差。它还能给出命令，控制机上其他设备动作，如启闭电视摄像机、指令传输信息。程控装置起到了无人机“指挥员”的作用。

探秘无人机的发射与回收

随着无人机的发展，无人机的种类也更加丰富，涉及大、中、小和微型无人机，同时无人机的科技含量、使用用途也是千差万别。因此，无人机的发射与回收的方式，采用的技术也不尽相同。

无人机的发射

无人机的发射方式多种多样，归纳起来主要有母机投放、火箭助推、发射车上起飞、垂直起飞、容器发射、手抛发射六种类型。在地面发射时，无人机用的最广泛的发射方式是发射车上起飞和火箭助推。空中发射的特点是机动性高、发射点活动范围大、可降低燃油载量和航程要求。各类无人机都有采用这种发射方式的，美国有很多大型无人机都采用空中发射。容器发射常用于发射微小型无人机，可用于潜艇和舰艇发射无人机。垂直起飞是备受美国海军及海军陆战队青睐的无人机起飞方式。

（一）母机投放

母机投放，是由有人驾驶飞机（母机）把无人机带到空中，当飞到预定的高度和速度时，在指定空域启动无人机的发动机，然后投放，也称空中投放。固定翼母机携带无人机，一般采用翼下悬挂或机腹半隐蔽式携带方式；直升机通常由机身两侧携带无人机。这种方法简单易行，只需要在母机下增加若干个挂架，机内增设测控操纵台和通往无人机的油路、气路和电路，即可把无人机带到任何需要的地方，如情况有变化，还可随时带无人机返航或空中待命，提高了战术使用的灵活性。目前，正在研究由无人机做母机，从空中发射无人机的方式。

（二）火箭助推

将无人机装在发射架上，借助固体火箭助推器的动力、高压气体或橡皮绳弹射器实现零高度发（弹）射起飞的方法称火箭助推。固体火箭助推器是一部固体燃料火箭发动机，这种起飞方法是现代战场上使用较多的机动式发射起飞方法，某些小型无人机也可不用火箭助推器，而靠压缩空气弹射器弹射起飞。

无人机的火箭助推发射装置，由装有导轨的发射架、发射控制设备和车体组成，由几名发射操作手操纵。发射时，在固体火箭助推器点火的同时，无人机发动机也点火并开足马力，无人机从导轨后端，沿导轨加速滑动至前端。无人机离开导轨时，速度可达 10—40 米/秒，所以离轨后，固体火箭助推器继续帮助无人机加速，直至机上舵面产生的空气动力能够操纵并稳定住无人机的速度时，火箭助推器的任务就完成了，并自动脱离。以后无人机便靠自己的发动机维持飞行速度，固体火箭助推器从点火到自行脱离的时间一般只有 1.3 秒。

火箭助推发射起飞装置可以装车、装船，其展开和撤收迅速简便，所需的发射场地很小，适合在前沿地区、山区或舰上使用。

资料链接：无动力发射车与动力发射车的区别

无动力发射车就是车上无动力，靠无人机的发动机推动，在滑跑过程中，如果偏离了跑道中心线，机上的航向控制系统会自动发出信号，操纵起飞发射车在跑道中心线上滑跑，当速度接近无人机离地速度时，机上的自动控制系统会发出信号，无人机做好离地准备，如放下襟翼，抬起机头，一旦速度达到，无人机与起飞发射车一起腾空而起，瞬时，无人机抛弃起飞发射车，独立升空，起飞发射车落到地上惯性滑行一段后自行停止。

动力发射车是在车上装有自动操纵系统，它载着无人机自动地在跑道上滑跑，并掌握无人机离地时机，随时向发射操作人员显示工作情况，出现事故时自动采取应急措施。

(三) 发射车上起飞

发射车上起飞，就是在无人机的下方，安装一部起飞发射车，车在跑道上迅速滑行，当速度增大时，作用到无人机的升力也增大，当升力达到足够大时，无人机便可腾空而起。起飞发射车可分为无动力发射车、动力发射车两种。

(四) 垂直起飞

无人机垂直起飞方式有两种类型：一是旋翼无人机垂直起飞，这种起飞方式是以旋翼作为无人机的升力工具，旋转旋翼使无人机垂直起飞。这种起飞方式不受场地面积和地理条件的限制，适用范围比较广泛。二是固定翼无人机垂直起飞。这种起飞方式分两种情况：一种情况是飞机在起飞时，以垂直姿态安置在发射场上，由无人机尾支座支撑无人机，在机上发动机的作用下起飞；另一种情况是在无人机上配备垂直起飞用的发动机，在发动机推力的作用下，无人机实施垂直起飞。

（五）容器发射

容器发射式发射装置，是一种封闭式发射装置，兼有发射与贮存无人机的功能。分单室式和多室式两种类型。多室发射时将无人机安放在容器内发射轨道上，靠容器内动力设备开启室门，推出轨道。调整发射角度后按先后次序发射每个室内的无人机或成组发射无人机，也可同时齐发无人机。

无人机的回收

多数无人机可以重复使用，即可回收的无人机，也有的无人机只使用一次，只起不落，即不可回收的无人机。无人机的回收方式多种多样，回收技术也在不断改进之中。

（一）舱式回收

舱式回收通常只回收无人机上有价值的部分，如照相舱等。美国的 GTD-30 型高空超音速无人机就是采用的这种回收方法。当它完成侦察任务，返回到基地预定地点上空时，便弹出照相舱，照相舱自动打开降落伞，徐徐下降，机体部分便自行坠毁。这种方法不多用，原因是回收舱与无人机分离难度较大，被抛弃的无人机造价较高。

（二）网式回收

网式回收无人机是目前小型无人机普遍采用的回收方式之一。网式回收系统一般由回收网、能量吸收装置和自动引导设备组成。回收网是由弹性材料编织而成，分横网和竖网两种不同的架设形式；能量吸收装置与回收网相连，其作用是把无人机撞网的能量吸收掉，使无人机速度迅速减为零，以免无人机触网后在网中继续运行而损坏。自动引导设备通常为一部置于网后的电视摄像机，或装在回收网架上的红外线接收机，由它及时向指挥站报告无人机返航路线的偏差。

当无人机返航时，地面指挥站用无线电遥控，引导无人机降低高度，以小角度下滑，最大速度不超过 120 千米/小时。操作人员通过电视监视器监视其飞行，并根据地面电视摄像机拍摄的图像或红外接收机接收到的无人机信号，确定返航路线的偏差，然后半自动地控制无人机机动，修正飞行路线，使其对准地面摄像机的瞄准线，飞向回收网。无人机触网时的过载，一般不能大于 6 个 G（过载表述物体受力的大小，它等于物体在某个方向受到的力与它自身重量之比，用 G 表示，G 是重力加速度），以免回收网遭到较大损失。一般性损坏的回收网，可稍加修补，再次使用。

(三）伞降回收

用降落伞回收无人机，是目前比较普遍采用的回收方法。无人机用的回收伞与伞兵用伞、空投物资用伞不仅一样，而且开伞程序也大致相同。用降落伞回收的无人机，可以在地面着陆、水上溅落或空中回收。其主要方法是：无人机按照预定程序或在遥控指挥下到达回收区上空，然后自动开伞或根据遥控指令开伞，降落在陆地下或水面上。回收类型依据着陆位置性质的不同，分为地面着陆、水上溅落、空中回收三种。

地面着陆：无人机虽连着大伞，但在触地前的一瞬间，其垂直下降速度仍达 5—8 米/秒，由于冲击过载较大，无人机触地时常常会损坏，为此，无人机要加装减震装置，例如充气垫（囊），触地前放出这种装置，并由发动机供气，起到缓冲作用。

采用伞降回收方式的“柔翼”无人机

水上溅落：水上溅落时无人机受到的撞击比地面着陆要小，但是必须迅速打捞，烘干，以免无人机沉入水底，使机体及内部设备受侵蚀。

空中回收：采用这种回收方式，母机上必须配备中空回收系统，在无人机上除了有阻力伞和主伞之外，需有钩挂伞、吊索和可旋转的脱落机构。其回收过程是：地面站发出遥控指令，阻力伞开伞，同时使发动机停转。当无人机阻力伞下降到一定高度和一定速度时，回收控制系统发出打开主伞控制信号，打开钩挂伞和主伞的指令，主伞先呈收紧充气状态，很快就完全放气。此时钩挂伞高于主伞，钩挂伞下面的吊索保证指向主伞前进的方向，在吊索上安装风向旗，使母机便于辨认和钩住钩挂伞，当钩住时，主伞自动脱离无人机，母机用绞盘绞起无人机，空中悬挂运走。这种回收方式不会对无人机造成损伤，可避免因飞机落在树上或屋顶难于回收的弊病。但是在回收时必须要求出动大型飞机，费用较高，同时，回收时飞机驾驶员必须具备较高的驾驶技术，受天气影响大，加上伞的性能事先无法估计，因而，这种方式回收的可靠性比较低。伞降回收一般只适合小型无人机使用，对于较大型的无人机，由于伞降回收的可靠性不高，操纵较困难，损失率较高，均不采用。

（四）气垫着陆

在无人机的机腹四周装上“橡胶裙边”，其中有一带孔的气囊，发动机把空气经气道压入气囊，压缩空气从气囊中喷出，在机腹下形成高压空气区。气垫能够支托无人机贴近地面，使其不与地面发生猛烈撞击，它与气垫船、气垫车利用气垫效应脱离地面或水面腾空行驶的原理一样。

气垫着陆的最大优点是：无人机可以在未经平整的地面，泥地、冰雪地或水上着陆，使用时不受地形条件的限制。其次，大、小型无人机均可使用，回收率高，费用较低。

此外，无人机的回收方式还有旋翼无人机垂直着陆、固定翼无人机垂直着陆等类型，其工作原理与相应的发射方式工作原理类同。无人机的起飞和着陆方法多种多样，采用何种方式，往往视无人机的用途、重量和尺寸以及生产技术水平的不同而定。一般来说，起飞用母机投放和火箭助推居多，而回收用降落伞的居多。

“火眼金睛”是怎样炼成的

在伊拉克战场和阿富汗战场，许多军事目标都进行了精密的伪装，却逃不过无人机的“火眼金睛”。无人机为什么能够轻而易举的辨别目标的真伪，使敌人无法藏身。这要从无人机搭载的探测识别设备找到答案。

目前，无人机机载探测识别设备主要包括：合成孔径雷达、热成像仪、微光电视、电视摄像机、照相机、红外前视侦测仪、激光指示器及测距仪、红外探测器及光电摄像机、用以模拟各种飞机的雷达回波增强器、电子监视和干扰机等。下面我们重点介绍下合成孔径雷达、微光电视、激光测距仪的工作原理。

合成孔径雷达

合成孔径雷达，又称测视雷达。它是利用雷达与目标的相对运动，把尺寸较小的真实天线孔径，用数据处理的方法，合成一较大的等效天线孔径雷达。其工作原理：合成孔径雷达工作时，按一定的重复频率发、收脉冲，真实天线依次占一虚构线阵天线单元位置。把这些单元天线接受信号的振幅与相对发射信号的相位叠加起来，便合成一个等效合成孔径天线的接受信号。若直接把各单元信号矢量相加，则得到非聚焦合成孔径天线信号。在信号相加之前进行相对校正，使各单元信号同相相加，得到聚焦合成孔径天线信号。地物的反射波由合成线阵天线接收，与发射载波做相干解调，并按不同距离单元记录在照片上，然后用相干光照射照片，聚焦成像。

目前，合成孔径雷达的分辨率可优于 3 米，美国研制的机载合成孔径雷达的最高分辨率已达 0.7 米，能区分单个车辆、小型建筑物和街道。

微光电视

携带大量探测设备的无人机升空

微光电视是增强技术与电视摄像技术相结合的产物，它是利用月光、星光和大气光辉对目标进行观察。其结构主要由微光摄像机、控制器和监视器三大部分组成，核心部分是微光摄像机。微光摄像机内由微光管和摄像管组合成的微光摄像管，是微光电视的关键技术。微光电视之所以能实现夜间观察，关键在于它的微光摄像管感光灵敏度高，能在夜间环境中进行摄像。如果在微光摄像管的前面加装一级或二级微光管，将微光图像预先增强，然后再投射到微光摄像管的光电阴极上，还可以进一步提高微光电视的观察灵敏度。微光电视的全部工作过程是光—电、电—光的两次转换过程。

微光电视按工作方式可以区分成两种：一是闭路微光电视，就是电信号从微光摄像机到显示器各部分之间均以电缆相连；二是开路微光电视，即微光摄像机摄取的目标电信号，是通过发射天线以电波的形式向空间发射出去，显示器（又称监视器）一端靠接收天线接收信号，再经过放大器放大后，送至晶体管。

微光电视由于信号能够远距离传输，所以能实现远距离侦察，更适合无人机夜间作战的需要，而且图像清晰、显示面积大。

激光测距仪

激光测距仪，按测距方法分为脉冲激光测距机和连续波激光测距机。

脉冲激光测距仪，由激光发射机、激光接收机和激光电源三部分组成。激光发射机由 Q 开关脉冲激光器、发射光学系统、取样器以及瞄准光学系统组成。激光接收机由接收光学系统、光电探测器、放大器（包括低噪声前置放大器和视频放大器）、接收电路（包括阏值电路、脉冲成形电路、门控电路、逻辑电路、复位电路等）和计数器（包括石英晶体振荡器）组成。激光电源提供激光器所需的能量。

其工作原理是：首先用瞄准光学系统瞄准目标，然后接通激光电源，储能电容器充电，产生触发闪光灯的触发脉冲，闪光灯点亮，激光器受激辐射，从输出反射镜发射出一个前沿陡峭、峰值功率高的激光脉冲，通过发射光学系统压缩光束发散角后射向目标。同时从激光全反射镜透射出来的极少量激光能量，作为起始脉冲，通过取样器输送给激光接收机，经光电探测器转变为电信号，并通过放大器放大和脉冲成形电路的整形后，进入门控电路，作为门控电路的开门脉冲信号。门控电路在开门脉冲信号的控制下开门，石英晶体振荡器产生的钟频脉冲进入计数器，计数器开始计数。由目标反射回来的激光回波脉冲，经接收机光学系统接收后，通过光电探测器转变为电信号和放大器放大后，转送到 n 值电路。超过阈值电平的信号送到脉冲成形电路进行整形，使之与起始脉冲信号的形状（脉冲宽度和幅度）相同，然后进入门控电路，作为门控电路的关门脉冲信号，门控电路在关门脉冲信号的控制下关门，中频脉冲停止进入计数器。通过计数器计数出从激光发射到接收到目标回波期所进入的中频脉冲个数，得到目标的距离，并通过显示器显示出数据。为使激光束对准目标进行发射，接收机对准目标进行接收，要求瞄准光学系统、发射光学系统、接收光学系统的三条光轴严格平行。

红外扫描装置

红外扫描装置，是根据自然界中一切温度高于绝对零度的物体，都能辐射红外线以及不同性质的材料辐射特性不同这一自然现象，根据红外探测器探测目标与背景以及目标各部分之间的热辐射特性差异，利用光学扫描技术和对中、远红外辐射敏感的半导体材料，将地物辐射的红外能量转变成电信号，进行加工放大后再变成可见光图像的一种被动式夜视器材。红外扫描装置由光学扫描装置、探测器及冷却装置、电子信号处理装置、显示记录器等组成。其工作原理是：

（一）光学扫描装置。它通过扫描镜的旋转和无人机的前进运动，对地面上的一条条带形地区进行扫描，把每条扫描带内的一个个分辨单元的红外辐射收集起来，投射到红外探测器上。未来的侦察监视系统如果采用凝视式红外探测器，则可不采用机械扫描装置。

（二）红外探测器。通常由它把接收到的红外辐射转变成电信号。最初是用单元探测器，为了提高灵敏度和分辨率而发展成为线列探测器，现在又向面阵列探测器发展。目前，最常用的红外探测器是碲镉汞探测器。它是用宽带的半导体碲化镉和半金属化合物碲化汞，混合配制制成的红外探测器。红外探测器在工作时，敏感元件可成水平排列，同时或依次接收红外辐射，得到电信号后，再把它们叠加起来进行串扫；或把敏感元件垂直排列，由每个敏感元件扫描一行，实施并扫；也可以把许多敏感元件排成平面，进行混扫或二维扫描。

（三）冷却器。探测器只有在低温状态下才具有良好的性能。因此，探测器必须冷却。探测器制冷，有时是为了提高探测器的灵敏度和信噪比。今后，将向研制高效、小型制冷器和无须制冷的红外探测器方向发展。

资料链接：红外成像的特点

抗干扰能力强，能全天候工作，由于红外成像主要是利用被侦察目标自身的红外辐射进行工作的，其工作方法完全是被动的，因而，不易被对方发现和干扰。同时由于热辐射在大气中的传输能力强，使热成像仪无论在昼间、夜间都有穿透雾、雨雪、烟幕和尘埃实施侦察的能力，尤其适合夜间实施观察，它能 24 小时全天候工作。红外成像设备具有良好的探测能力，很容易探测到伪装和隐蔽在树木、草丛及阴影后面的作战人员或武器装备，能在强光（如照明弹）直接照射下发现目标；与雷达相比，红外成像设备尺寸小、重量轻、分辨率高、识别能力强，适于高精度跟踪侦察，并能有效对付低空高速目标。

解析“百步穿杨”绝技

伊拉克战场上，“捕食者”无人机在高空发射一枚导弹，导弹像长了眼睛一样，精准地命中了一辆载有重要人物的吉普车。在两公里外精准地命中目标，“百步穿杨”绝技使人惊叹。

精确打击技术是无人机实现“百步穿杨”的关键，无人机上携带的机载武器发射装置包括弹药、火力和悬挂/发射等装置组成。其作用是对目标进行探测、识别、跟踪、瞄准和攻击，使发射的武器弹丸能命中目标，直接完成作战任务。目前无人机上安装的精确打击武器制导体制主要有激光制导武器、电视制导武器、反辐射制导武器，下面逐一介绍他们的工作原理。

自主激光制导

目前，激光制导武器因其结构简单、制导精度高等优点被广泛应用于无人机武器系统中。无人机自主激光制导是通过无人机加装激光制导武器系统，实现自动目标识别、自动目标跟踪和自动目标参数的实时自动解算，来实现对目标的精确打击的。

无人机上普遍采用的是自动攻击技术，自动攻击是指无人机在没有人控制的情况下，完成攻击任务。在自动攻击系统中，无人机机载激光制导武器系统由传感、跟踪设备获取图像信息，自动地提取、识别和跟踪目标，获取目标参数后送给目标状态估计系统测量，通过它实时处理本机飞行状态及目标运动参数的测量信息，获得目标位置、速度、加速度的精确估值作为火力控制的输入。火力控制系统解算出俯仰偏差、方位偏差和相对距离等信号，由智能耦合控制器经综合计算后，产生可由飞行控制系统接收的俯仰、滚转、偏航指令分配到飞行控制系统的各个通道中，以控制飞机实现快速瞄准和精确打击。通过使用耦合单元达到飞行控制系统的综合化和自动化，可以便于工程实现并降低成本、减小风险。在这种构型下，耦合控制器的输出送到

AGM-65“小牛”激光制导炸弹

飞行控制系统中，由系统产生指令改变舵面等控制部件的状态，进而改变飞机气动力，最后达到改变飞机运动状态的目的。自动攻击系统其控制对象是包含飞控、气动、飞机等系统的一个整体，是一个复杂的、非线性的模型。

显然，通过无人机激光制导武器自动攻击技术增强了目标识别、跟踪的智能性和自主性，减少了无人作战飞机在作战状态时的地面指挥与操控人员干预，很大程度上避免了无人作战飞机与地面指挥与控制系统通信链路被干扰的隐患，增强了无人作战飞机的机动攻击能力，提高武器投放精度，增加发射机会，从而为提高无人机的生存能力和有效作战性能发挥了重要的作用。

电视制导

电视制导是由弹上电视导引头利用目标反射的可见光信息实现对

目标捕获跟踪，导引导弹或弹药命中目标的被动寻的制导技术。电视精确制导主要有两种制导方式：指令电视制导和电视寻的制导。对于精确制导导弹系统来讲，具体采用哪一种制导方式与导弹的射程有关。由于电视摄像机一般能清晰地摄取目标的距离不会太远，一般在20千米以内。对于攻击近距离目标的武器，可以采用电视寻的制导方式；对于可以在防区外发射、有较远射程的导弹不可能在发射前使其电视导引头截获目标，所以对射程较远的导弹需要采用指令电视制导系统。

资料链接：制导方式有哪几种

1. 寻的制导：寻的制导是通过弹上的引导系统感受目标辐射或反射的能量，自动跟踪目标，导引制导武器飞向目标。

2. 遥控制导：遥控制导是导引系统全部或部分设备安装在弹外制导站，由制导站执行全部或部分的测量武器与目标的相对运动参量并形成制导指令之任务，再通过弹上控制系统导引制导武器飞向目标。

3. 惯性制导：惯性制导是利用测量设备测量导弹运动参数的制导技术。

4. 全球定位系统（GPS）制导：它的工作原理是，利用弹上安装的GPS接收机接收4颗以上导航卫星播发的信号来修正导弹的飞行路线，提高制导精度。

5. 地形匹配与景象匹配制导：地形匹配制导是指在导弹发射区与目标区之间选择若干特征明显的标志区，通过遥测、遥感手段，控制导弹飞向目标。

（一）指令电视制导

导弹上装有电视摄像机，发射后导弹在惯性系统或预定程序的控制下飞向目标，当接近电视摄像机作用距离时，电视摄像机先搜索目标，并把摄取的图像经电视发射机传送到无人作战飞机上，再由无人作战飞机传输到地面控制站，在地面控制站的电视监视器上显示出来，地面操纵员一旦在监视器上发现目标后，操纵屏幕上的十字线压住目标，按下锁定按钮，导弹便对目标自动进行跟踪，直至命中目标。对于电视图像的传输和指令的传输也可以采用直接在导弹和地面控制站之间进行，而不经过无人作战飞机。

(二) 电视寻的制导

无人作战飞机电视寻的制导系统原理：无人作战飞机挂载电视制导武器飞临战区，武器上的电视摄像机开始搜索目标，并将摄取的图像通过无人机直接传输到地面控制站，显示在地面控制站的电视监视器上，当地面操纵员发现图像中出现目标的影像后，操纵屏幕上的十字中心压上目标，按下锁定按钮，此时武器上的电视导引头开始跟踪目标，在满足条件后地面操纵员按下投弹按钮，飞机即可退出攻击，电视制导武器则自动飞向目标。也就是说，电视制导武器具备投放后不管的能力。

反辐射制导

携带反辐射导弹的无人机同时携带能对地面防空系统的电磁辐射进行探测、识别和定位的设备，能精确测定地面雷达与载机之间的距离及相对方位与俯仰角，截获雷达的发射频率、功率、脉冲宽度、脉冲重复周期等参数，由此确定反辐射导弹发射时的前置角及其被动雷达导引头的有关参数，使反辐射导弹一经发射就能利用雷达辐射的电磁波跟踪目标，沿着电磁波的照射方向摧毁地面雷达。反辐射导弹的导引头上装有 4 个方向探测器，分别称为上、下、左、右探测器。只要地面雷达发射的电磁波照射到反辐射导弹上，4 个方向探测器就会立即接收到电磁波信号，通过对 4 个接收信号的比较和处理，就可以确定导弹运动方向与目标指向的偏离角，形成控制信号控制舵机做相应的操作。当4个接收信号的强度相等，导弹按原来的指向飞行。若导弹偏离目标，则上下方向的探测器或左右方向的探测器接收到的信号强度不相等，产生俯仰或水平误差信号，驱动方向舵转动，控制导弹的姿态和飞行指向，一直到对准目标为止。

由于地面雷达照射波束的扫描或为躲避导弹而有意进行开、关机控制，导弹会暂时或一直丢失雷达信号。在丢失信号的时间内，导弹就以原来得到的目标角度数据为基准，按照已选定的导引规律对目标进行攻击（误差较大），当再次捕获雷达发射的电磁波时，立即对误差进行修正。在无人机飞行过程中，全向告警器接通扩展设备，武器控制系统检查挂点情况，并向扩展设备输送悬挂物标志和被动式雷达导引头型号标志等信息。

在导引头发现目标后，被动式雷达自动导引头输出“空间波门”脉冲到扩展组件中。“空间波门”脉冲经过分类器后变换成扩展组件信息处理部件所需的周期。为了确定连续脉冲的数量及它们的跟踪周期，扩展设备对所有的“空间脉冲”信息流进行测量和分析。同时，为了在连续目标指标中快速调整分类器，当有一些连续脉冲时，扩展设备的分类器对可约目标指示的信息流进行疏开。按照“调谐脉冲”，被动式雷达自动导引头的跟踪周期分类器调整成连续目标指示。

按照“截获时间”，在被动雷达自动导引头中进行正确性检查，调整被动式雷达导引头扇形区的时间，被动式雷达自动导引头按角度、跟踪周期和频率实现截获目标，并向扩展设备输出“反雷达导引头准备好”指令，表明完全截获目标。此时，被动式雷达自动导引头转换成自动跟踪状态。

第七章

更高、更快、更强

——无人机的发展趋势

随着各类无人机的发展和更加广泛的使用，世界各国纷纷加大了打击无人机相关领域的研究，同时现代战场的快节奏、环境的复杂性也对无人机提出了更高的要求。飞行高度更高、滞空时间更长、飞行速度更快、更加智能、担负任务更趋多样、隐身能力更强将成为未来无人机发展的主要趋势。

飞行高度更高、滞空时间更长

从无人机的使用情况来看，高空长航时无人机在近几场局部战争中发挥出色。美国的“全球鹰”无人机在战争中部分取代了军用卫星的作用，提供了大量有价值的战场情报，由于其飞行高度高很难被对方发现和击落，其超过 24 小时的滞空时间可进行连续的战场监视，它的军事价值是有人飞机无法比拟的。世界各国也纷纷研制并推出了高空长航时无人机，比较著名的高空、长航时无人机还有欧洲的“欧洲鹰”无人机，以色列的“埃坦”无人机。

与近、短程战术无人机相比，高空长航时无人机通常在距基地数千千米外的敌纵深地区的高空长时间飞行，因此要求机翼面积大、翼展宽，以确保有足够的升力，还需要高效节油的发动机；需要有通信中继设置和数字式数据链路，地面站应配备高速计算机，可收集和传输目标区完整的情报信息；还要有自主式导航系统。与卫星相比，它的成本通常只是卫星的几十分之一，甚至几百分之一；可以渗透到离信息源尽可能近的位置，截获和收集步话机或移动电话等低功率通信设备的信息情报；提供比卫星更详细的情况，而且观察地面目标的分辨率较高；它们的飞行轨迹也比卫星要灵活得多；高空长航时无人机可弥补卫星在跟踪移动目标上的不足以及卫星不能很好地透过云层观察、不能提供实时情报的弱点；高空长航时无人机能够携带高质量的传感器，对目标区域实施十几小时乃至几天的大范围覆盖，监控敌方进攻和防御阵地、进行战斗毁伤评估，使战区司令员能够实时规划当前作战行动；而且长航时无人机能够迎合当今以美国为首的军事强国

我国自主研制的“狮鹫”无人机正在进行性能测试

强调远程作战的指导思想。因此，高空长航时无人机以其独特的优势备受各国军方的青睐，它的使用价值已得到世人的共识，成为当今各国武器装备发展的热点之一。各国通过自行研制、联合研制、引进技术或外购等途径发展本国的高空长航时无人机，有些国家还积极扩大高空长航时无人机队伍，组建高空长航时无人机中队，使高空长航时无人机呈现出迅速蓬勃发展的势头。

目前世界各主要国家正采取各种方法提高无人机的飞行高度和续航时间，如采用新材料、以燃料电池为动力，可将飞行高度提高到2万米以上，续航时间提高几倍甚至十几倍，届时高空长航时无人机的定义也将随之改变，现在的高空长航时无人机到那时只能称作短、近程无人机。发展高空长航时无人机时有以下几个特点。

开发新型高空长航时无人机

临近空间已成为无人机发展的新领域。临近空间作为空天过渡区，具有其他空间侦察方式不可比拟的优势，是执行持久监视、情报搜集和通信中继等任务的最好选择。美国、俄罗斯、韩国、日本、以色列等国家都在投入大量的经费，积极开展临近空间飞行器技术与应用研究，研究热点集中在平流层飞艇、浮空气球和高空长航时无人机上。2006 年年初，美空军提出了临近空间飞行器的发展和选择建议，认为高空长航时无人机是空军近期利用临近空间的最佳选择，高空长航时无人机在 2020 年前可能替代低轨道侦察卫星，执行持久监视、情报搜集和通信中继等任务；平流层飞艇也是一种有前景的选择，但需要技术突破；而自由浮空气球的军事用途相对有限。

美国国防高级研究计划局（DARPA）提出了一项“秃鹰”计划，目的是验证留空时间超过 5 年、重于空气的无人航空器。DARPA 计划启动的另一项临近空间平台是名为“快眼”的无人机计划，目标是在一小时内把具有远程续航能力的临近空间无人机投送到世界任何地方。2007 年，美陆军空间与导弹防御司令部同极光科学公司、波音公司签订了一份研制“猎户座”（Orion）高空长航时氢燃料动力无人机的合同。另外，美空军正在与诺斯罗普·格鲁曼公司联合开发 RQ-4“全球鹰”改型的高空长航时无人侦察机。此外，还有一些性能目标稍逊的持久监视临近空间无人飞行器项目也正在加大步伐，美国特种作战司令部计划验证能在 2 万米高空执行 5—7 天任务的氢动力无人机。种种迹象显示，美军目前将高空长航时无人机作为临近空间平台的重要发展对象。

“近太空机动飞行器”是一种半自主、轻于空气，可在大气层外飞行的无人机，这种无人机可作为战术级通信中继和监视平台使用。美国空军太空战实验室和太空战中心正在对其进行概念演示。该机可在固定翼飞机最大飞行高度和低地轨道卫星之间（3 万米—3.6 万米）飞行。一种被命名为“上升者”（Ascender）的近太空机动飞行器带有 2 个螺旋桨，由燃料电池提供动力，向上爬升时使用氦燃料，利用全球定位系统导航。作为潜在的作战系统使用时，可携带 45 千克的侦察与通信设备，可对 740.8 千米的椭圆区域内实施有效侦察与通信，巡航时间为 5 天。该机生产费用预计为 50 万美元。

在长航时无人机中，还有一种以太阳辐射为能源的无人机。这种太阳能无人机具有许多潜在的优势，如它可以长期在高空飞行，滞空时间可长达几个月，并可作为电话通信传输站，通信中继等。与人造卫星相比，它具有更大的灵活性，能随时从空中返回地面进行维修，或更换设备，并能很容易地转换监视区域，这是卫星无法比拟的；另外，太阳能无人机的价格比卫星便宜得多。一颗卫星从研制到发射的平均费用为 1000 万－3000 万美元，而一架“太阳神”太阳能无人机的价格仅为 100 万美元。太阳能无人机的使用费用也比卫星低得多，卫星的使用费用大约是 1000 美元/小时，而太阳能无人机的使用费用还不到它的一半，预计将广泛用于军、民多个领域。

美国航空航天局认为，太阳能无人机的用途广泛，发展前景无限。美国希望利用这种太阳能无人机作为一种通用的飞行卫星，既能在一个区域滞留几个月，又能根据任务的需要随意派遣到任何地方，既可作为一种通信卫星，也可作为一种科学观察卫星。为了加快太阳能无人机的研制步伐，美国 NASA 制定了发展太阳能无人机计划，该计划称为环境侦察和探测技术计划。目前，加利福尼亚州大气环境公司已经制造出3种型号的样机，它们是“探路者”、“百人队长”和“太阳神”。

扩大高空长航时无人机队伍

为加强本国的长航时无人机力量，一些国家开始着手扩大高空长航时无人机队伍，组建长航时无人机中队。如澳大利亚计划建立一支高空长航时无人机中队，实施边境监控。为此，澳大利亚国防部已申请了超过1.5亿澳元（1.16亿美元）的经费，用于高空长航时无人机的研制与开发。此外，澳大利亚科学家和工业界正在研制用于高空长航时无人机的先进传感器，努力使澳大利亚无人机的发展取得突破性进展。外军无人侦察机的装备规模越来越大。美军在2007年发布的《美国国防部2007—2032年“无人驾驶系统路线图”》中明确提出，到2015年，美军的无人侦察机将广泛应用于战术侦察、战役侦察和战略侦察等多个方面，装备部队的级别从最高的国家级一直到连级及连级以下的特种作战部队。美空军于2007年5月组建了第一个无人机系统联队——432无人机联队，并于2012年前扩大到5个“全球鹰”和“捕食者”无人侦察机联队。俄罗斯空军无人侦察机部队目前编有2个团，1个试飞大队和1个作战使用中心，并计划在2015年前装备各种用途的先进无人机系统。印度也在加快航空战术侦察“无人化”步伐，计划形成一个以“搜索者”、“苍鹭”无人侦察机为主，“尼尚特”、“拉克什亚”等国产无人侦察机为辅的无人侦察机机群，并计划斥资1.75亿美元采购“高空长航时”无人机，以提高远程侦察监视能力。日本计划耗资87亿日元从美国购入“全球鹰”

或“捕食者”无人侦察机，部署在九州和硫磺岛。韩空军现役无人侦察机占侦察机总数的比例达62%，并计划引进4架“全球鹰”无人侦察机。曾在海湾战争中制定美军空中打击计划的沃登将军断言，到2025年美军90%的侦察机将是无人机。

飞行速度更快

俗话说“兵贵神速”。作为指挥员重要耳目之一的无人机，更应具备这一特点。高速机动是提高无人机生存能力的必要前提和重要保证。如今，世界各国防空力量不断增强，尤其是未来局部战争中，在非线式战场上，作战地区的不确定性更大、作战决策的随机性更大、作战目标的概然性更大、作战进程的速决性更大、作战行动的流动性更大，这就对无人机的性能，特别是无人机的高速机动性能提出了更高的要求。无人机特有的优势加上高速机动的性能，可使无人机更加灵活、自如地完成各种侦察、作战任务，确保无人机在情报战、信息战以及夺取战场主动权的过程中发挥更加积极有效的作用。

目前，世界各主要军事强国都竞相采用功能更强大的推进系统、先进的指挥控制系统，竞相把电子技术发展的最新成果应用于无人机作战系统，以达到无人机系统的高速机动化。特别是美国，为夺取未来战场绝对的信息优势，尤为青睐高速机动无人机。最近，美国空军对无人机未来的发展方向提出了“持续、保护、价格”的原则。“持续”就是指无人机在战场上保持长航时，“保护”就是指使用无人机，避免作战人员受到对方防空系统的伤害，“价格”就是指无人机应造价低廉，一套系统的价格应为有人飞机系统的几分之一。按照这个原则，美国将重点研发三类可执行特殊任务的无人机：高空长航时无人机、高速机动无人机和低成本无人机。高速机动无人机将成为研发的主流，在设计上主要考虑隐身性与机动性、最大高度与损伤容限之间的关系，为第二代无人作战飞机奠定良好的科技基础。

目前，世界主要军事强国为提高无人机的高速机动性所采取的主要措施包括：

研制新型发动机，提高无人机的动力性能

无人机动力性能的优劣，将直接影响到它的飞行速度，尤其对微型无人机影响更大。因此，美海军开始研制微型无人机用的 Rand Cam 发动机。美国海军已经授予先进陶瓷研究公司和 REGIUS 公司（Reg 技术公司的一家子公司）一项 SBIR 合同，制造并试验一台海军用的 0.5 马力的陶瓷发动机。这台拟议中的发动机是一台四冲程 Rand Cam 发动机，在单个燃烧室内连续喷油和燃烧。发动机将是全陶瓷结构，可以在不加冷却的高温条件下工作，有效地用重油燃烧。研制这种发动机是用来装备海军新的单元可重组作战飞行阵列低成本无人机。该合同已在 2001 年开始执行。这两个阶段的总金额为 85 万美元。

Reg 技术公司与其 REGIUS 子公司一起拥有 Rand Cam 转子发动机技术在世界范围内的 50％的权益，他们采用其最新的带翼转子技术来改进这种柴油发动机减小摩擦。

研制新型高速无人机

为了在高速无人机领域取得领先，各国纷纷投入大量资金，研发新型高速无人机，力求在实践领域取得优势。美国制定了“高超音速

X”计划，法国正在研制高速型“麻雀”无人机。

（一）X-43 系列高超音速无人机

X-43 高超音速无人机是美国航空航天局制定的“高超音速 X”计划的一部分，旨在探索达到高超音速所需的环境和高超音速冲压喷气发动机的性能。高超音速是指达到音速 5 倍以上的速度。“高超音速 X”计划中的系列无人机包括 X-43A，X-43B 和 X-43C 三个型号。按照美国航空航天局的计划，X-43A 验证机的最高速度应突破马赫数 10。X-43B 是“高超音速 X”计划系列无人机中体积最大的一种，在 2010 年进行了飞行试验。X-43C 尚处于研发阶段，它将安装美国空军的新型超音速冲压喷气发动机。如果未来高超音速“高超—X”无人战机研制成功，那么美军的整个作战样式就将发生革命性的变化。

（二）高速型“麻雀”无人机

高速型“麻雀”是法国通用机械电力公司研制的一种高速战术多用途无人机，用以满足未来纵深突防和远程侦察的需要。通用机械电力公司希望用高速型“麻雀”来替代法、德两国陆军现在使用的 CL-289 无人机。

高速型“麻雀”比“麻雀”无人机有更大的速度和更远的航程，并具有能够在 6000 米高度，以时速 741 千米速度隐身突防的能力。高速型“麻雀”的动力装置为 TSF-18 涡喷发动机，飞行速度 740 千米/小时，最大飞行高度可达 10000 米，航程在 4000 千米以上。

采用创新设计

美国努力采用创新设计，提高无人机的高速机动性。如美国波音公司将“蜻蜓”验证机设计成兼有旋翼和机翼功能的无人机。这种设计的最大特点是，当飞机获得了足够的前飞速度时，能够锁定旋翼，起固定翼飞机机翼的作用，因此它比常规旋翼飞机飞得更快、更高并具有更大的机动灵活性。

澳大利亚国防工业公司（ADI）与帕斯涡轮喷射技术公司研制的一种高速、高机动无人机“希伯德”-2，已在堪培拉附近的私人机场成功进行了演示。该无人机的一大特点是，它利用澳大利亚科学与技术局开发出的仿生（依据昆虫视觉）算法技术，将昆虫侦察地面目标的本领运用于无人机的侦察、跟踪地面低速行进的移动目标。仿生算法技术是一种相当超前的技术，将对今后世界无人机及相关技术的发展产生重大影响，现已引起国际广泛关注。“希伯德”-2 的速度及可操纵性为它采用这种创新性技术奠定了可靠的基础。

智能化水平更高

由于无人机上没有驾驶员，无人机的起飞、着陆、飞行及解决飞行中遇到的问题等，都需在数百、甚至数千千米外的地面控制站来完成。此外，在未来战争中，无人机面对的将是功能强大、具有精确制导和高度杀伤力的地空武器，而无人机须承担空中作战任务，这就要求它必须能够瞬间做出许多决定。因此，无人机智能化水平的高低直接关系到它的生存能力和发展潜力。智能化水平的高低主要取决于无人机的自主起飞、着陆能力，自主导航能力，自主飞行控制能力，自动敌我识别能力，武器投放控制能力和规避目标能力，自我排除故障能力等。这就要求必须研制出智能的、基于规则的任务管理软件，用

科幻电影中高度智能的无人机模型

以驱动无人机上的综合传感器，保证通信连接，完成无人机与操纵人员间的交互，对已知目标和突然出现的目标作出反应等，还要研制出智能化程度很高和自适应能力很强的飞行控制系统以及能使该系统正常运作的计算机算法。

必须能使飞控计算机根据飞行状态和战术态势的变化及在无人机发生故障或某部件受损伤时瞬时做出调整，并使舵面相应改变，以保持正常的继续飞行和执行任务或者返回基地。无人机在运用于作战实践过程中，虽然展示了良好的作战效能和不可替代性，但也存在一些弱点。这些弱点的存在很大程度上是由无人机的智能化程度不高所造成的。主要表现在：一是在技术上，因无飞行员，且机载系统复杂，给飞行带来不便，当出现故障时，本身不能排除及做出瞬时调整，通常要返回基地，易发生摔机事故；自身携带的传感器少，在很大程度上要依赖于离机的各种传感器获取信息，这就存在着一个大量信息流如何管理的问题；飞机与操作员之间的交互作用、协调和变化的程度要比有人作战飞机复杂得多。一方面要求机载设备的智能化程度高，要有安全可靠比冗长的数据链，另一方面对操作员的素质要求也很高，操作员不仅要监控飞机的飞行状态，适时改变航向，更重要的是，必须在关键时刻从“控制中心”发送动作指令，使飞机能够实时快速地机动或攻击。二是在战术上，无人机执行任务时，无法及时判断地面真假目标，遇到空中威胁时，不能做到先机制敌或改变航线；虽然实施高空侦察，但有时为了拍摄准确图像，通常要实施低空侦察飞行，易被地面火器击中；无人机并非不需要人的控制，控制它的操作员也不是公园里玩遥控飞机的小孩，而是控制与非控制的结合。控制者在离前线较远的地方为无人机提供指令。三是飞行速度和航线一般比较固定，如果改变航线，需进行大角度爬升，这就给敌方提供了有利战机。四是与其他飞机机载电子侦察系统一样，易受天气、烟雾、伪装和电子干扰的影响。

要想在未来战场上使无人机发挥更大的作用，充分利用无人机的优势，就必须进一步提高其智能化水平，因此，世界各国都在下大力气研究和解决这一问题。近年来电子技术、计算机技术、生物技术和智能技术有了突破性进展，为提高无人机智能化水平提供了可能，高度智能化已成为无人机未来发展的一个主要趋势。

为了提高无人机的智能化水平，世界主要军事强国竞相把高新技术应用于新型无人机的研发。目前，提高无人机智能化程度的措施主要表现在以下两个方面：研制高度自动化和智能化的指挥控制系统；开发新型智能材料。

更加智能化的指挥控制系统

提高无人机的智能化水平，指挥控制系统的智能化、自主化研制是一个关键。随着人工智能领域的飞速发展、专家系统、神经网络等新技术正在应用于无人机的指挥控制系统。目前正在研制的指挥控制系统有内嵌开放式结构实时操纵系统、可变自主控制系统、自主智能网络系统、“蜂窝神经网络”系统和自主回收停车技术。

人们在体验无人船的操纵平台

内嵌开放式结构实时操纵系统由 SAE 系统公司研制，编号为 CSLEOS，主要由飞机航电和机体管理计算机组成，计算机平台掌管着控制系统、自动驾驶、发动机控制、任务控制、导航以及其他功能。这种操作系统存储器里面使用了“隔离墙”装置，允许在同一系统上运行多个应用程序，并且每个应用程序相互不受干扰。内嵌开放式结构实时操纵系统的开发，为X-47B“飞马”无人作战飞机的成功试飞立下汗马功劳。据悉，当CSLEOS实时操纵系统在X-47B“飞马”无人作战飞机上验证成功之后，他们计划将其推广到更多的无人机平台。

可变自主控制系统已经在美国空军无人机系统中使用。它可以提供不同级别的控制（从完全自主控制模式到简化的人工飞行控制模式）之间的无缝转换；提供自动航路跟踪能力，包括在工作轨道上自主飞行和自主搜寻目标能力；实时编辑航路；在自动驾驶仪的帮助下进行人工转弯；自动跟踪传感器并对其进行控制；在不需要外部辅助传感器的情况下自动起飞和着陆；允许一个操作员同时管理和控制四架以上的无人机；基于数字地形标高数据库（DTED）的自动地面防撞；基于光学传感器的自主空中防撞等。

自主智能网络和系统是美国海军研究办公室（QNR）正在实施的一个项目，它将无人机和无人地面车辆联网，使之像一个小组那样工作，用它们来中继信息，代替士兵获取和发送数据。这个项目有三个重点：智能自主能力，即把人和机器的计划、推理和决策放在一起；平台动态环境中的无线联网；网络无人节点的智能控制。海军研究办公室为此成立了一个研究小组，经过6年研究，已研制出动态多主体网，通过在无人机平台上安装一个视频摄像机，实现无人机自主搜索、攻击目标和自主着陆。该研究小组还验证了9架无人直升机同时安全、自主、精确地进行导航的能力。美国海军研究办公室认为，这些技术可在今后6—8年内投入使用。

“蜂窝神经网络”由美国航空航天局喷气推进实验室研制，是一种模仿人眼能力进行自主地形识别的系统。它具有以30帧/秒左右的速度进行实时处理的能力。目前喷气推进实验室正在进行各种试验，首先进行的试验是“训练”神经网络识别感兴趣的目标。并将在“蜜蜂”无人机的基础上进一步研究神经激励的智能飞行控制。“蜜蜂”无人机是航空航天局艾姆斯研究中心研制的“生物激励”飞行器，计划在火星上飞行，它能自动保持姿态基准和高度，并能进行地形跟踪，自主识别目标等。

自主回收停车技术也是一项重要的智能技术。在作战过程中，当无人机与地面站失去联系后，无人机能够自主返回预定点并自行着陆和关闭发动机，以提高无人机快速和自主地对中断通信之类意外事故做出反应的能力。诺斯罗普·格鲁门公司生产的RQ-8A“火力侦察兵”无人机采用的就是这种自主回收技术，并成功地进行了试验。据英国《防务新闻》报道，在马里兰州帕塔克森特河附近的韦伯斯特空军基地进行的自主飞行试验中，当无人机与其地面站之间通信联络中断后，RQ-8A“火力侦察兵”自主返回预定点，并自行着陆和关闭发动机。无人机与其地面站之间在回收过程中始终没有通信。RQ-8A“火力侦察兵”创造了美国海军垂直起降战术无人机的又一个“第一”。诺斯罗普·格鲁门公司RQ-8A“火力侦察兵”计划经理汤姆·索尔德说：“这次成功的回收结果证明了‘火力侦察兵’可快速和自主地对中断通信之类意外事故做出反应的能力。这进一步证明该无人机系统的自主和成熟水平及其执行任务的灵活性。”

资料链接：形状记忆合金

1932年，瑞典人奥兰德在金镉合金中首次观察到“记忆”效应，即合金的形状被改变之后，一旦加热到一定的跃变温度时，它又可以魔术般地变回到原来的形状，人们把具有这种特殊功能的合金称为形状记忆合金。记忆合金的开发迄今不过20余年，但由于其在各领域的特效应用，正广为世人所瞩目，被誉为“神奇的功能材料”。

具有形状记忆功能的智能合金

使用新型智能材料

美国计划今后的无人机将采用具有特殊属性的智能材料，使其具有“生物变体机体”，可根据不同任务和飞行条件优化布局，进行有人驾驶飞机不可能做到的空气动力操纵。美国国家航空航天局，美国国防部已制定出研制“变体”飞机的“跳蛙”计划，开始着手研制“智能”材料，其中包括具有“形状记忆能力”的合金，具有自我修复能力的材料和根据需要量身定制的压电材料等。形状记忆合金能使飞机的机翼通过柔性变形弯曲，形成新的形状，能像鸟一样在空中进行盘旋、倒飞和侧向滑行等。具有自我修复能力的材料在遭到诸如撞击或武器射击后，可通过自修复功能，使自己马上恢复原样。量身定制的各种压电材料能够将电压与动作联系起来，使飞机能够像鸟一样扇动翅膀。美国研制中的微型无人机已经在试着采用这种结构材料。美国还打算将地面控制站改进为一种紧束操纵人员神经肌肉系统的个人穿戴服，操纵人员通过一个头盔便能观察无人机上的情况，如传感器的接收图像和数据等。这些智能材料将使飞机设计技术取得突破性发展，给未来航空领域带来翻天覆地的变化。

功能更加强大、承担任务更趋多样

信息和网络技术的发展，使无人机平台向多功能发展。这样既可以满足部队作战对无人机的需求，同时可以减少无人机的装备数量、大幅降低采购费用。无人机集多种能力于一身，能够大大提高侦察、决策、打击、评估的时效性，适应战场瞬息万变的态势变化，使无人机的作战效能得到有效发挥。例如在“全球鹰”无人机安装集光电传感器、SAR雷达和信号情报载荷于一体的多功能传感器，而且还将其与现有的联合部署情报支援系统（JDISS）和全球指挥控制系统（GCCS）联结，使获取的图像能直接而且实时地传给指挥官使用，用于指示目标、预警、快速攻击与再攻击、战斗评估等。

承担情报侦察任务越来越多样

随着传感器技术、信息处理技术以及通信技术的快速发展，无人侦察机的侦察能力将越来越强，其作战任务将由战术向战役、战略范围扩展。这就要求无人机侦察载荷性能要不断提升，种类更加多样。目前，无人机侦察载荷的发展集中在几个方面，包括增加侦察区域覆盖能力、改进分类和识别能力、开发非传统跟踪技术以及发展对化学、生物、辐射、核、爆炸物的侦察载荷。与测量和特征情报侦察密切相关的高光谱、超光谱、激光雷达、高性能雷达等侦察载荷，也成为无人机系统发展的热点。美军无人机将在 2030 年前装备具有 1000 个波段的超光谱侦察载荷，无人机对目标的识别能力将发生质的飞跃。

向“侦察、打击一体化”装备方向发展

世界各主要国家在不断提高作战飞机的侦察功能的同时，还高度重视无人机的武器化，即将无人机打造成“侦察、打击一体化”的作战平台。为满足“侦察、打击一体化”的作战需求，无人机将集多种作战能力于一身，这样将大大提高侦察、决策、打击、评估的时效性，适应战场瞬息万变的态势变化，使无人机的作战效能得到有效发挥。如 MQ-1“捕食者”无人机和 MQ-9“死神”无人机（原称“捕食者”B）通过加装精确制导武器，具备了精确打击功能，从而大大提高了对“时敏”目标的侦察、打击能力。由于无人机平台载荷装载能力的限制，外军无人机系统主要采用开放式即插即用结构设计，从而可以根据任务需要随时更换相应的机载设备。如美军的改进型RQ-8B“火力侦察兵”可根据任务需求为它加装各种照相机、传感器、武器及其他设备。

将在支援作战领域进一步拓展活动舞台

对战场的监视与对敌方重要目标的侦察，是无人机应用的主要领域。然而，在近半个世纪的时间内，无人机承担的基本任务是对战场进行监视和对战术目标的侦察，主要监视战场态势的变化，查清敌方重要武器和兵力的配置，重要目标的位置及其外部特征，为部队作战提供有关的情报和目标资料。随着无人机技术及机载传感器的发展，无人机的战术技术性能有了质的提高，逐渐接近有人侦察机的性能，其承担的侦察任务正在从战术侦察向全领域侦察发展。

未来承担战略侦察任务的将是长航时大型无人侦察机，如美国空军的“全球鹰”。微型无人侦察机的发展，将开辟微观战场环境侦察这个新领域。这种只有小鸟样大小的无人侦察机，虽然飞行时间只有几十分钟，任务半径通常只有数百米至数千米，但它可以被士兵带在身上并随时随地升空侦察。它侦察的区域，是陆军班、排等基本作战单位当面数十米至数千米范围内的战场情况，然后传送到士兵随身携带的接收器上，使士兵对其周围的情况一目了然。另外，这种微型侦察机还可以潜入敌人的指挥所、生化武器研制机构等核心目标内，搜集最机密的情报。微型无人侦察机的这种功能是有人侦察机不能比拟的，甚至不可能达到的。随着微型无人侦察机和长航时侦察机的发展，未来无人机将大大拓展自己监视与侦察的领域与范围，并可能最终取代有人侦察机。

战场隐身能力更强

隐身技术是现代战场上的一种新技术。中国古代神话小说《西游记》有一个情节，即孙悟空应用隐身术与敌人交战，敌人看不见他，他却可以看见敌人，结果敌人处处挨打，敌人却打不到他。飞机的隐身技术与此有异曲同工之妙。世界上第一架隐身战斗机 F-117 出世不久，由于其雷达反射面只有一只小鸟般大小，从而大大降低了雷达和其他传感器发现它的可能性与距离，显示了出色的隐身性能，因而在海湾战争中大显身手。统计资料显示，在海湾战争中 F-117 出动架次占总出动架次的 2%，却摧毁了 45%的重要目标。

无人机的信号特征以电磁波、红外特征最为显著。目标的电磁波特征是指物体的金属表面，在遇到电磁波的照射时，会将电磁波反射回去。雷达就是根据这一原理制造的现代最重要的侦察探测设备。无人机主要的反雷达探测技术，即雷达隐身技术是通过采用隐身材料和采用隐身外形来实现的。

采用隐身材料

在制造无人机时使用雷达吸波材料或在无人机表面涂刷雷达吸波涂料，减轻雷达波的反射。目标的红外特征是指高于绝对零度（-273度）的物体向外发射红外线的特性，通常物体的温度越高，红外辐射就越强。无人机发动机的尾喷管或排气口是红外探测器的主要红外源。因此，减小无人机的红外信号特征，主要是要减小发动机尾喷管或排气口的红外辐射。主要技术有改变红外辐射波段，如在燃料中添加特殊的改变红外辐射波长的添加剂，或发动机采用可改变红外辐射的异型喷管等，降低红外辐射强度；调节红外辐射的传输过程等。

采用隐身材料的美空军 B-2 战略轰炸机

雷达发射的电磁波碰到金属材料（如铝合金蒙皮）时，由于其是电导体，在金属材料中易感应生成相同频率的电磁流。电磁流的流动，会建立起电磁场，向雷达二次辐射能量。复合材料是由一些非金属材料（如碳）和绝缘材料（如环氧树脂）组成，其导电率要比金属材料低得多。当雷达发射的电磁波碰到复合材料时，难以感应生成电磁流和建立起电磁场，所以向雷达二次辐射能量要少得多。

无人机的尺寸要比有人飞机小得多，大多数无人机的最大尺寸在 5 米以下。因此，在其机体上，部分或大部分使用复合材料比有人飞机要容易实现。基于上述两点原因，采用复合材料就成了无人机最普遍使用的隐身措施。无人机上采用的复合材料主要有：玻璃纤维加强合成树脂、石墨与环氧树脂、以芳纶纤维为基础的雷达吸波材料。雷达吸波材料是一种多层结构形成的材料。它至少有三层：最外层是透波层；中间层（蜂窝芯或泡沫芯）是电磁波损耗层；最内层是基板，具有反射抵消雷达波的特性。当雷达波照射到这种材料上时，由于吸收、散射等原因，使电波大量衰减。被材料吸收的雷达波或变成热耗散，或分散到目标表面的各部分，或使材料表面的反射波与进入材料底层的反射波发生干涉，相互抵消。通过蒙皮（涂层）的部分照射到目标体内或目标体（非吸波材料制造）上后，又经过目标体反射到蒙皮（涂层）上，再次被吸收、散射，最后只有很弱的一部分反射回雷达，从而使辐射到此材料结构上的雷达能量被大量吸收和抵消掉。无人机常用的吸波材料有：聚氨基甲酸醋泡沫芯和芳纶—环氧树脂蒙皮，聚苯乙烯泡沫芯和胶合板（尼龙）蒙皮或碳纤维蒙皮，蜂窝芯和芳纶蒙皮，玻璃纤维蜂窝芯和石墨复合蒙皮。

采用隐身外形

电磁波的散射与散射体的几何形状密切相关。就目标的整体而言，投影面积相同的方形体和球形体，前者的雷达散射截面积比后者大 4 个数量级。因此，合理设计目标的外形，是减少雷达散射截面积的重要措施。

资料链接：美国 F-117 战斗机

F-117A 是美国洛克希德公司 1981 年研制的第一代“隐身”战斗机（原名 F-19）。主要用于对敌防空导弹、雷达阵地进行攻击及实施侦察。该机的最大特征是机身由许多平面的垂直面构成，从而可使反射的雷达波以各种角度散射；大量采用了吸收复合材料，故有效地减少了飞机雷达反射面积，达到了“隐身”的效果。1981年6月15日预生产型飞机在绝对保证秘密的情况下试飞成功，1982年8月23日向美国空军交付了第一架飞机，F-117A服役后一直处于保密之中，直到1988年11月10日，空军才首次公布了该机的照片。

避免使用大而平的垂直面。这是因为当雷达的无线电波射入两个互相垂直面中的任意一个面时，由于无线电波的“镜面反射”效应，就会形成二次“反弹”，最后以与入射波束相同的方向反射波束到雷达。无人机的立尾与水平尾翼、机翼上的垂直安定面、机翼下挂架、翼身连接处等都会形成强烈的雷达反射区域。为减小雷达散射截面，在无人机上采用内倾的双立尾、翼端（或翼上）安定面、机身侧边等构型。

无人机在雷达探测下，其蒙皮上生成电磁流。当这些电磁流动到不连续处时，就被“耗散”或者辐射电磁能，而其中一部分电磁能就会反射回雷达。因此，无人机形状轮廓等剧变，如尖削的翼后缘与翼尖、操纵面以及机体连接处等的不连续处，都会成为雷达探测时的良好散射体，当不连续处垂直于雷达波束时，这种效应最强。

基于上述原因，无人机在外形上采用：机翼、机身、尾翼和短舱连接处光滑地过渡，或机翼与机身高度融合的构型；机翼为下单翼时，采用平整的翼身组合下侧面，平滑的曲面外形，后掠的机翼后缘和尾翼后缘。

第八章

无人战争的序曲

——无人机掀起的军事领域变革

军事领域的一条不变真理：技术决定战术。恩格斯早就说过："每个在战史上因采用新的办法而创造了新纪元的伟大将领，不是新的物质手段的发明者，便是以正确的方法运用他以前所发明的新手段的第一人。"掌握智能化武器和手段的军队，必将充分利用自己武器优越的作战性能和超常反应、机动、打击能力，采取与之相适应的新的战法，从而引起未来作战方式方法的深刻变革。火枪、火炮的发明，导致了火力战样式的出现；坦克的发明，催生了闪电战理论的出现；直升机的发明，进一步发展了空地一体战理论；无人机的发明与运用，正改变着现代空战的样式，无人战争正与我们渐行渐近。

科幻电影中的机器人

对传统战争观念的冲击

随着无人机技术的不断进步及其在军事领域广泛运用的日趋成熟，使无人机平台在实战中的应用手段、应用范围、应用空间不断拓展，力量构成更趋多元，已开始渗透到空中战场空间的各个领域，正在显示并将继续显示出其巨大的军事价值，而且从过去的战斗支援地位向作战主导地位扩展。由此不难预测，这种扩展必将对未来空中制权战争产生深远的影响，直至使双方交战呈现出无人化的发展趋势。以空中联合无人作战为特征的作战样式，日益成熟并显现出比有人作战前所未有的优越性。由于空中战场无人机的广泛运用，必将导致对传统有人战争观念的冲击。

改变了传统战争的空间观念

在强调体系对抗的无人化空中战场上，无人机应用技术的不断成熟与进步，不仅引起了武器装备作战性能的大幅度提高，而且对传统的有人作战的空间观提出了严峻的挑战，使得传统的空战模式，“以空间换取时间”的观念，“近战歼敌、短兵相接”的观念等已经显现出时过境迁的缺陷。因为在无人化空中战场上，敌对双方争夺的战场空间高度已经由传统的空中向外层空间拓展，空间战场的制权已经成为决定其他战场制权的关键因素，使无人化空中战场出现了前所未有的大空间、多维度、全覆盖、一体化的特征。空间的远近、空间的高低、空间的障碍对太空侦察探测、对无人机平台的精确打击和对远程袭击、对适时指挥控制和自主协同等作战行动的影响越来越小。传统的有人空战中的空间概念已不合时宜；交战双方战机排兵布阵，形成明确的战线，以空间换取时间的作战观念更是时过境迁。

另外，无人化空中战争的目的已经由传统的争夺空域、歼敌有生力量为主转向节点摧毁、体系破坏、结构瘫痪为主，军事打击行动已不局限在空中进行，而往往是直接通过空中、海上、网电信息领域甚至太空联合实施。因而，有人化空战中的空间观将产生一系列的改变，空间距离的战术价值在不断贬值，物理空间在不断贬值，网络电子空间在不断增值。由此要求无人化空中作战的指导观念、原则战法、排兵布阵、指挥控制、联勤保障等都要与无人化空中战场环境下的空间观相适应，都要与无人化空中作战的特点相适应。

动摇了传统战争的奇袭观念

无人化空中战场将充满各种类型的无人探测平台，随之产生了全维部署、全时运转、全频探测，高精度、高分辨、高敏感、高实时的传感探测系统，使战场已经变得更加透明、更加公开、更易暴露。如今，“发现者的胜利”已不再是现代战争的神话，因为战场“神经系统”的重大变革或功能延伸使战场“感知”和“可视化”程度又产生了质的飞跃，为战场的“透明度”和“实时发现”提供了更加强大的技术支持，加之与战场侦察探测系统联结一网的无人机平台的打击精度、打击威力、打击距离的极大提高，从而在战场上达到了“目标一经出现即被发现，同时意味着被摧毁”的程度。而传统战争中所采取的利用伪装、佯动、欺骗、夜暗和不良天候来隐蔽作战的意图，提高战场生存能力的措施已经无济于事；传统战争中被奉为“圣典”的出其不意战术不仅遇到了挑战，而且还会因“隐藏”兵力而增大伤亡；战场上的机动、迂回、穿插、分割、佯动等传统战法将被置于各种侦察探测之下而无法达到预期作战效果，甚至变得毫无意义。因此，高度透明的战场，迫切要求转变作战的奇袭观，随之应以战斗效能的实时聚合取代作战力量的大合成、大编组、大集中。无人机平台的大空间分散配置，适时集中打击会更加有效。

颠覆了传统战场的程式观念

在瞬息万变的战场上，从工业时代社会生产方式衍生出来的机械化作战，往往如同工业生产“流水线”一样按部就班而有序地运转。部队作战也是按照战前预定的作战方案或计划，一环紧扣一环地进

“火力侦察兵”无人机模型在北美航展上展出

行，如果战场情况超出某一个环节或与某一环节不一致，都可能导致整体作战力量运用的不当，或者协调紊乱，甚至会招致全盘皆输。这种作战行动“程式化”的优长是组织严密，整体性、协调性、可控性强，由此也就导致了作战行动的应变性、随机性、针对性较差，因为再周密的作战计划也不可能把战场上的一切情况都预料在内，尤其是在无人化空中战场上，由于作战空间大为拓展，作战时间大为压缩，作战节奏明显加快，对抗方式错综复杂，战场态势瞬息万变，影响战场态势的来自多维空间的各种因素大为增加且更为活跃。无人化空中战场充满着突然性、模糊性、多变性，由此必然要打破传统有人战争的作战模式，作战很可能首先从太空领域、信息领域、电磁领域、指挥控制领域发起；很可能在指挥网络系统的指挥下，从几千公里甚至是上万公里以外以远程袭击兵器直接实施打击，或以兵力实施远程投送直接发起全纵深攻击；战场上没有提前的排兵布阵。更不会有前沿和纵深之分，没有逐段推进之举，没有攻防阶段转换之别。

资料链接：美国五角大楼

五角大楼是美国国防部所在地。从空中俯瞰，这座建筑成正五边形，故名“五角大楼”。坐落在美国华盛顿附近波托马克河畔的阿灵顿镇，五角大楼占地面积235.9万平方米，大楼高22米，共有5层，总建筑面积60.8万平方米，使用面积约34.4万平方米，当时造价8700万美元，于1943年1月15日建成，同年5月启用，可供2.3万人办公。大楼南北两侧各有一大型停车场，可同时停放汽车1万辆。1947年9月，美国第33任总统杜鲁门建立的国防部开始在此办公。从此，五角大楼便成了美国国防部的代称。1993年5月12日美国内政部把五角大楼定为国家历史标志。

2003年3月22日，美军在伊拉克战争中，使用MQ-1无人机攻击了伊军的自行防空高炮。第二天，美国五角大楼宣称：这种无人驾驶的传感器与攻击组合平台利用机上配备的电子侦察设备，锁定了伊军的一辆ZSU23-4型自行高炮的火力控制雷达，然后由位于美国本土的“飞行员”操纵向目标发射了两枚AGM-114K“地狱火”激光制导的反坦克导弹，并消灭了该自行高炮系统。此为无人驾驶作战飞机依靠自身的机载设备和武器，首次与敌方的防空系统进行直接对抗。这一战例，也成为无人机“驾驶员”所实施的“射程”最远的攻击行动之一。

2004年11月的费卢杰之战中，美国的一架RQ-1无人侦察机发现了当地武装人员的一个迫击炮阵地。远在万里之外的美国内利斯空军基地的无人侦察机操作员，想办法通过因特网与美军中央司令部的“驾驶”MQ-1武装型无人机的操作员取得了联系。两人在保密的因特网聊天室内一面交流情报，一面策划行动。最终，他们指挥武装型无人机用机上携带的空对地武器消灭了伊拉克人的迫击炮及炮手。这是世界航空史上第一次完美的无人机之间进行的“联合作战”。可见，传统的按阶段、按程序、按方案、按计划组织指挥作战的模式将完全被打破；作战节奏将大大加快，战役、战斗层次将没有明显界限，对无人化作战平台之间的随机、随势地组织作战，因敌、因情、因地指挥作战，应变、应时地联合作战提出了更高的要求。由此看来，传统的那种按照作战预案、行动计划、阶段顺序组织指挥作战的样式与无人化空中战场的作战特点已经完全不相适应了，与无人化作战无程序、无定式，态势变化的高节奏已经明显不合拍了。

战争理论的变革

无人机的迅速发展，必然会导致空中战争形态的全面性变革，这是不以人的意志为转移的现实。当然，我们目前还很难对自主式无人机系统未来的发展趋势做出全面而准确的估价，但在无人化空中战场的发展趋势方面应该承认，科幻小说家们已经走在了未来军事学家的前面，甚至成了牵引军事变革的“先驱”。他们已在自己广阔无垠的幻想中设计出未来的“灵巧”空中智能武器的更佳方案。这些文学幻想激励了许多科学家在无人机、人工智能和传感器等领域的研究，科幻小说家们常常为科学技术的研究和发展设定着前行的目标和里程碑，并以此来评价科学发展的进程。而未来军事家们眼下应该做的工作就是探索和研究无人机给战争理论带来的变革了。

资料链接：图灵测试系统

将一个人和一个计算机放在不同的两个屋子里，然后再让一个人去和他们交流，这是为了证明计算机能否思考，如果人分不出哪个是人哪个是计算机，那么就说明计算机能思考，它的意义在于推动了计算机科学和人工智能的发展。如果一台计算机能够满足图灵测试系统，基本上具备以下几个能力：1. 自然语言处理能力：可以用某种语言进行通信；2. 知识表示：在询问之前或询问过程中存储信息；3. 自动推理：根据存储的信息回答问题并得出新的结论；4. 机器学习：适应新环境，并发现或增加新的模式。

空战场对决更趋智能

从第一次世界大战中美陆军研制的螺旋桨驱动导弹——“凯特林飞虫”到第二次世界大战德国研制并投入使用的 V-1 导弹；从 20 世纪 50 年代出现的无人侦察机到本世纪初出现的无人战斗机，每一种空中无人化作战平台的产生都是为了适应或满足当时的战争需要，同时，每一种无人化空中作战平台的运用又都在不同程度上改变着作战手段、作战样式直至战争形态，由此使战争形态按照从量变到质变的规律从未中止的发展和演进着。

战争暴力的形态和性质变化的轨迹，始终随着社会的演变而不断变化。特别在第二次世界大战中大量先进武器装备的广泛运用，使机械化战争达到了极致，由此也使战争的杀伤力得到了呈几何级数的提高。随着高技术大量涌现并广泛运用于军事领域，在新材料技术、新能源技术、自动化技术、信息技术、遥感技术、网络技术等高技术群的共同推动下，空间无人飞行器、无人机平台、自动寻的弹头等各种自动化程度很高的新型武器装备陆续投入战场，空中战场的无人化、信息化和自动化趋势不断增强。在海湾战争、阿富汗战争、伊拉克战争中，美军投入了越来越多的无人机，对收集情报、辅助作战、搜索战场以及直接实施攻击等作战行动，都发挥了重要作用。战场无人化的趋势已经初见端倪，由此使战争的作战形态开始发生革命性变化。

作战行动的自主性、智能性，是无人化空中作战的一个突出体现。在传统的冷兵器、热兵器、机械化兵器时代，战争形态的智能因素的含量不高，暴力作用的发挥，始终离不开人的操作与运用。在这种暴力形态中，兵器仅仅是人的体能和技能的延伸，始终需要人的技能和体能来支配武器装备，才能发挥出最大的作战效能。而在当代，随着智能化技术在侦察·探测、指挥·控制、综合保障等方面的普及与运用，武器装备越来越具有自我判断、自我调整、自我控制、自我寻的和自我攻击的功能。自动寻的导弹可以在发射后根据事先设置的目标参数，不断改变自身的飞行方向、路径、高度和角度，自动寻找、识别、跟踪、摧毁目标。目标一旦被锁定，就很难逃脱，具备了真正意义上的“发射后不用管”的作战能力。如美国一架大型无人驾驶飞机“全球鹰”从加利福尼亚州爱德华空军基地起飞，经过22.5小时自主飞行，跨越太平洋，降落在澳大利亚阿德莱德附近的爱丁堡皇家空军基地，全程共13842千米，巡航飞行高度19500米。澳大利亚的地面控制站监视整个飞行过程，但不控制其飞行。近些年来无人机研究热达到一个新高潮。这次创纪录飞行使人们对无人驾驶飞机的自主能力有了更进一步的认识。

战争与非战争的界限更加模糊

无人机的发展，还使得政治对战争的控制更为灵活、有效。无人机在军事上的运用，使拥有方在政治上更为主动、更为隐蔽。无人机飞越国土可以是军事行动，但对方难以以此为借口，作出过分激烈的反应。派间谍打入对方机构窃取情报，目标大，风险大，难度高，一旦败露，可能引发重大的外交危机和政治冲突，但微型无人机即使穿门入户，翻箱倒柜，也难以被人察觉。万一被抓住了，对方也不好兴师问罪，难以“审问”。在无人化的推动下，战争不再是脱缰的野马，也不再是离弦之箭，无法收回，不可控制；而是指哪打哪，想打就打，想停就停。无人化的这一发展，使何时打、打什么目标、打到什么程度、何时收手等战争控制难题，不仅在国家大战略层面，而且在战役、战斗层面，都将得到较好的解决。

战争更加追求“零伤亡”效果

近些年来，军事大国出于追求“零伤亡”的作战理念，非常重视发展无人作战平台。从目前世界各国的发展来看，无人作战平台正在从遥控、半自主式向全自主、智能化方向发展，执行的任务也由执行单纯的侦察任务向执行侦察、监视、指挥、控制、毁伤评估和火力打击等多功能方向发展。在阿富汗战争中，美军使用“捕食者”无人机开了空中无人作战平台对地实施直接火力打击的先例。在伊拉克战争中，美军的“捕食者”无人机也承担了大量的对地攻击作战任务，主要是发射“海尔法”反坦克导弹对伊军防空系统进行攻击。另外，还配合地面部队执行对伊军地面重点堡垒等目标实施精确打击。从“捕食者”无人机在战争中的使用情况可以看出，集侦察、打击于一体的无人平台将可能成为实现中、远程精确打击的重要手段，将无人机与精确制导武器紧密地结合起来是今后空中作战平台发展的方向。目前，空中无人机正在向小型化、自主式、隐身化和全天候方向发展，并将广泛用于高风险性的任务，小规模信息化战术分队甚至具有了与庞大的机械化作战集群相当的作战能力。据估算，美军现在一个装甲师的作战能力已超过第二次世界大战时的一个坦克军，一支同等规模的机械化部队改装成“数字化”部队后，战斗力可以提高 3 倍以上。近期几场局部战争深刻表明，军队的数量和规模优势，已难以弥补武器装备上的质量劣势，战争目标的实现，越来越依靠建立在信息化武器装备基础上的综合作战能力。

国产“狮鹫”无人机可用于侦察巡逻

战争消耗和损毁方式呈现新特点

无人机发展的另一个重要结果，是导致战争的进一步小型化和资源密集型消耗模式的转化。在整个冷兵器时代，战车、战马、战船这些作战平台，刀枪剑戟这些作战兵器，基本上都是数量密集型的。这一时期的战争，参战的人很多、很密集，但规模有限。装备火药化的发展，迫使枪炮等火药发射器越来越笨重，不得不依靠众多战马的拉动来移动作战工具。随着工业的发展特别是机械化生产的不断推进，作战工具不仅自己具有发射部件，而且用蒸汽机、内燃机来取代人力和畜力，驱动作战兵器工作。随着大量自行火炮、坦克、装甲车、各种各样的运输车辆、飞机、舰艇投入战场，战争的规模越来越大，保障越来越庞杂，资源消耗、资源损毁越来越重。核武器的出现，虽然开始改变了战争依靠大量投入资源的趋势，却没有改变对人员和资源大规模毁灭的追求。随着战争自动化水平的不断提高，特别是由于无人化技术的发展，大规模、笨重的战争将逐渐退出历史舞台，以重工业为支撑的资源密集型的大规模战争，将被以新型工业为基础的科技、资金、知识密集型的小型战争所取代。在无人化战场上，战争消耗的重心转向资金、科技、知识、新材料、新工艺等人造价值，钢铁、石油、土地等天然的、附加值低的、无法或难以再生的资源的消耗，在总量与份额上越来越小。人造价值是智能附加型的，其存在、再生产的主导力量不是资源，而是人的创造性劳动。无人化带来战争消耗模式的这种转变，是由新材料技术（比如纳米技术）、新能源技术、信息技术等技术群共同推动的结果。已经在战争中崭露头角的无人机，就以体型小、造价低而著称。随着战场无人化的发展，大规模投入与大规模消耗的资源密集型战争，将进一步向资源节约型的战争消耗模式转化。

无人化战场的发展，不仅带来战争消耗模式的转变，而且会加速战争毁损模式的转型。地毯式轰炸，无区别的杀伤与摧毁，彻底摧毁支撑战争的经济基础，追求绝对剥夺敌人的抵抗意志，是拿破仑战争以来特别是第一次世界大战以来人类战争的共同特点。大量歼灭敌人的有生力量，最大限度地摧毁其经济基础，想方设法毁灭其战略资源，彻底消灭其组织和领导力量，是这种战争的基本原则。这种战争是典型的“总体战”、“绝对战争”。随着无人技术的发展，无人侦察平台将从地面、水面、水下、空中、太空，全纵深、全方位地配合和补充人员现场侦察，把敌人最隐蔽、最核心的机密尽可能地采集到。无人攻击平台可以在无人侦察平台的引导下，直接杀伤、摧毁、破坏敌方的关键人员、组织、部位和机器，以有限的、关键性的、少量目标的杀伤和破坏，来瘫痪敌方的军事组织结构和武器装备体系，使人机体丧失作战功能，剥夺敌人的抵抗能力，并通过迅速占领、取代、控制这些关键环节，促使其实现有利于己的功能性转变。这种战争毁损模式，既有利于迅速剥夺敌人的抵抗能力，又可以避免大规模的人员、物资、原材料的毁损，为将来控制这些资源为己所用提供便利。

力量构成的变化

随着无人机在战争中军事价值的日益显现，其必将对各国的军事力量结构产生影响。各主要国家纷纷加大了对无人机的投入力度，研发新型无人侦察机代替传统的空中侦察平台，发展无人战斗机代替有人战机夺取制空权，发展新型信息战无人机夺取制信息权，无人机的资源投入占比不断扩大。同时，无人机发展也改变着军队中人员的组成和结构。飞行员的数量将会减少，但遥控“飞行员”的数量将会大幅度增加，相关的技术保障人员的需求也会增加。

资料链接：美国的无人机运用

目前，美国有三个互不相同的无人机项目，分别由五角大楼、中央情报局以及军方的联合特种作战司令部运行。五角大楼的项目在伊拉克和阿富汗执行任务，较为公开；中央情报局以及联合特种作战司令部则执行机密计划。有消息说，在阿富汗和巴基斯坦边境的部落地区，美国国防部已创建一个名为“国防秘密行动司”的新情报机构，注意力集中于伊拉克、阿富汗，重新调配情报网络。有数据称，美国在全球布有至少 50 个无人机基地。

资源分配结构的变化

无人机在战争舞台上的卓越表现，使越来越多的国家下大力气开发研制无人机，纷纷制定了本国的无人机发展规划。在有人驾驶飞机与无人机的资源争夺上，无人机逐渐占了上风。无人机投入比重在不断增加，有人机投入比重不断缩小已成为一种发展趋势。

美国为了继续保持其军事霸主地位，保持作战的非对称优势，下大力气发展无人机技术。美国以实力和先进技术的支撑，已形成高、中、低空，远、中、近程，大、中、小型，战略、战役、战术侦察，通信中继、电子对抗、攻击、作战等各层面梯次搭配的无人机作战网络。目前，美军已投入使用的无人机多达 70 多种，上千架次，美军官方称，美国国防部将计划采购更多的无人机来保持其军事优势。美军还重点发展智能化和自主性极高的无人战斗机，目前 X-47B 已经取得阶段性成功，在不远的将来，航母上起飞的将是大量自主性很强的无人作战飞机。俄罗斯军队也已经着手实施一个开发和大范围部署无人机的庞大计划，具有昼夜、全天候、实时传输信息能力的“主人”系统，将配备到俄罗斯军、师级作战单位，为机动中的地面部队、空中战斗平台提供实时信息保障。俄著名军事理论家斯里普钦科在题为《俄罗斯需要新型军队》一文中指出：在未来的非接触战争中，进攻一方将大量使用远程高精度无人驾驶飞机，导致战争的主要样式发生变化。俄军方知名人士也越来越多发表文章，尖锐地指出，如果不紧跟无人机发展的步伐，将会严重影响俄罗斯军队的建设与发展。俄战略与技术分析中心副主任马钦柯认为，无人机应当属于军方最优先发展的三大项目之一。俄空军正在制定新一代无人机的战术技术任务和使用构想。

据有关专家预测，今后 50 年无人机技术将得到更广泛发展与应用，届时无人作战飞机将在相当大程度上代替有人驾驶作战飞机，成为未来作战飞机家族的主要成员。

编制结构的变化

随着无人机在陆海空各军种中的使用，必然导致军队编制结构的变化，无人机部队将会陆续组建。在以色列、美国、英国、法国、德国、比利时、加拿大、新加坡等国家，均陆续列编了无人机连队或中队。俄罗斯也在将无人机分队列入了集团军陆军航空兵的编制之中。

各军兵种使用无人机，都提升了作战能力。陆军使用无人机，首先增加了空中侦察力量，如美军旅级作战单位列编 1 个“影子”战术无人机系统，加强了对 200 千米纵深内的敌方行动的侦察和监视；其次，增加了空中突击力量，无人机携带弹药升空，可以在战术指挥人员的实时控制下，对目标实施空中精确打击。

海军使用无人机，其侦察、战场评估、低空预警等力量，得到了改善和加强，在海湾战争中，“先锋”无人机在美军海军的作战中，发挥了较大的作用。

空军使用无人机的历史应该说最长，从越南战场、海湾战争到科索沃、阿富汗、伊拉克战争；从以色列参加的第四次中东战争到袭击贝卡谷地防空导弹群，无人机已经成为空军侦察、突防、攻击作战力量的重要组成部分。

军队人员组成结构的变化

新的军兵种部队如无人机部队等将相继出现，部队建设将更加突出技术密集型，人员结构也将发生重大变化。随着大量无人机在战场上的应用，战争中直接参战的人员比例将大幅度下降，将有越来越多的飞行员从作战岗位转到计算机终端前。后勤、技术保障人员的比例将不断上升。部队人员的总额将减少，官兵比例缩小，部队职业化趋势明显增强。无人武器系统的科技含量越来越高，对人员的素质要求也就越来越严格，这种素质不是体能，而是智能，即相当的文化知识和专业技能。无人武器系统的操作员可不受年龄、性别、身体状况的限制，如果需要，妇女和老人同样可以坐在计算机前操纵遥控系统，从他们自己所处的任何位置上参加战斗。

作战样式的革新

军事技术水平决定作战样式，这是马克思主义的基本观点。反过来，作战样式则应反映并必须适应当时的军事技术水平。机械化作战形式在信息化战场上所面临的严峻挑战，反映了其作为机械化工业时代作战形式的特定产物具有许多自身难以克服的滞后性，而且这种滞

美军士兵讲解无人机的使用方法

后性已经限制或束缚了新技术、新手段，使其不能很好地发挥军队武器装备和战场网络化所带来的巨大作战潜力。美国学者阿尔温·托夫勒说过："人类制造战争的方式反映了他们的工作方式。一种新的创造财富体制一旦形成，一种新的战争样式也必然会随之发生和发展。"

自 20 世纪 70 年代以来，随着以信息技术为核心的遥感技术、遥控技术、网络技术、新材料技术、航空航天技术、人工智能技术等高技术群在无人机发展上的运用，催生了大量融信息化、智能化、自动化于一身的高技术无人机装备，给未来空中战争的形态与作战样式带来了一系列根本性变革。

无人化网电作战

无人化网电作战，是指以战场网络支撑的各种无人机在与对方交战时，围绕争夺无人化空中战场“制信息权”的目的，在网、电领域所采取的压制、干扰、阻塞、瘫痪、摧毁敌方感知、传输、控制系统的一系列对抗行动，是未来空战的重要内容，也是贯穿于“制空权”争夺全过程的首要任务。因为在未来空中战争中，无人机的核心技术仍然是以网络和信息技术为支撑的；无人机的联合作战仍然是依据战场信息的互通和共享的；无人机的一切作战行动仍然是依赖于信息技术的协调和控制的。所以，未来的空中战争，就其本质特征而言，仍然是受战场信息支配的行动，或者说，仍然是围绕着战场信息的获取和屏蔽来展开的。

无人化网电作战的样式通常包括：对敌方的战场传感器、感知信息系统所实施的有效压制、干扰、阻塞、瘫痪和摧毁等战法；对己方传感器、感知系统采取各种防护措施，不被敌方发现和破坏，如传感器伪装、信息保密、反侦察探测、防计算机病毒、控制器和编码技术的开发和利用以及安装网络安全系统等等，以此使己方的战场传感器和无人机始终保持高度灵敏的“嗅觉”和“反应”，进而充分发挥无人化战场以网络为中心的网、电作战优势。一是实施网、电威慑战。即通过综合运用无人机所具备的电子侦察、电子欺骗、电子干扰、电子屏蔽、电子压制、电子瘫痪、电子摧毁等手段，破坏敌方的战场侦察、探测、感知信息系统，造成威慑敌方的声势和威力，从而影响或破坏敌方对无人化作战行动的指挥与控制，达到“少战而屈人之兵”甚至是“不战而屈人之兵”的战略目的。二是实施网、电遮断。就是通过注入计算机病毒、逻辑炸弹、网络阻塞、黑客介入等手段，瘫痪敌方战场网络，进而使无人化作战体系全面瘫痪，达到以“网”制“动”的目的。在战场网络空间里，“黑客”可以说是无所不为，侵袭军事计算机系统和网络则似乎是其首选目标。就连美国的陆军网站也曾被“黑”过多次，宇航局的网络同样遭到了入侵，种种事件触目惊心。美军网络专家认为：“网络空间是一个人人都可以进入的自由流动区，我们最好做好准备，以便应付我们做梦也想不到的对手在各个领域的发明创造力。”可见，在未来的无人化战场上，有针对性地采取网、电遮断战法，仍然是十分有效的，完全可以收到“阻其网络，制其平台”的作战效果。三是实施网、电欺骗。即利用各种模拟技术和手段制造“虚拟现实”的幻影、音频、声波或图像，或利用敌方的信息系统发布虚假信息，扰乱敌方战场网络信息的正常流动，甚至造成其网络过载，诱其做出错误的判断与决策。四是实施信息摧毁。无人化战场网络，通常都是由传感侦察系统、通信传递系统、指挥决策系统、无人机控制系统、战场保障系统五大系统组成的整体运行的网络。而在这五大系统之中，指挥和控制系统又处于核心地位，由此成为交战双方实施精确打击的“重中之重”。所以，在未来空中战场上，攻击敌方传感器和无人机赖以支撑的指挥、控制系统，必然是夺取“制空权”的首选目标，易于达成“击其一点，瘫其一片”的目的。

无人化精确作战

自精确制导武器出现以后，就实现了战场上“指哪打哪”、“打了不用管”的作战效果。这不仅极大地提高了武器系统的打击精度，而且有效地降低了附带毁伤，更有利于直接达成作战目的，这种精确战必将成为未来空中作战的主导样式。因为在未来空中战场上，由于无时无处不在的战场网络覆盖着整个战场，使无人机可以随时通过战场网络与指挥控制中心及其他无人化作战平台实时交换战场信息及态势变化。所以，当无人机对目标实施指令性攻击之后，不仅可以依据无人机自身的探测装置适时跟踪目标信息，而且还可以利用其他无人机以及战场感知网络提供的目标信息源实现信息共享，根据被打击目标的瞬间移动变化情况，进行重新瞄准、控制、修正弹药，并将新观察到的目标区域的信息实时传回战场指挥控制中心网络，用来对其位置进行修正，直到命中该目标。尤其是无人机在实施攻击之前，还能将其他被攻击目标的战斗损伤评估信息传回来，使指挥控制人员能够直观地确认打击效果。可见，战场网络的运用，将使得无人机的战场攻击更加精确、更加灵活、更加便利。

战场网络专家认为，未来空中战场建设不在于无人机的技术战术性能有多先进，而在于无人机的数据链问题得到了根本性解决，并认为无人机的数据链是战场信息网络的重要组成部分，它可以利用所有各有关部分都能懂的“语言”，把来自无人机的信息实时传输给指挥控制和无人机的操作系统设施等。未来的无人机从本质上讲，应该既是信息的接受体和运用体，也是信息的探测源泉，将可以通过战场网络获取和发送信息。这样的无人机就可以通过一个支持快速目标数据的数据链与无人机进行实时信息交换，准确提供战场上那些快速移动目标的信息，从而极大地提高无人机实时攻击的精度。

无人化联合作战

目前，各国都非常重视无人地面车辆与无人机协同作战能力的研究。美军陆航及导弹研发中心正在开展“无人地面攻击机器人及协同作战计划”项目，研究一辆武装无人地面车辆与一架“大乌鸦”无人机的协同。在2005年的演示中，作业手遥控无人地面车辆行进，同时无人机进行地域侦察，侦察到目标后将坐标传送至控制单元，作业手来确定坐标，无人地面车辆上的机枪便可对目标进行瞄准射击。

“埃坦”新型无人机

在未来作战行动中，无人侦察机发现执行侦察与突击任务的地面机器人遭敌攻击时，可通知巡航中的战斗机实施攻击，或由无人机携带的武器实施攻击。美国陆军2006年开始组织了一项名为“空中远程攻击力量演练”的四阶段试验，在已经完成A、B阶段试验中，分别检验了以班和排为单位操作陆空无人装备进行巷战的能力；D阶段主要进行机器人编队的演练。美国陆军于2007年2月进行的试验演习表明，无人机、无人车、“阿帕奇”直升机之间能够通过数据链及实况视频进行信息交换。这种网络联通能力的获得以及能够更好满足战场需求的长航时无人机、长里程无人车等无人装备的大量装备，均表明由两种甚至多种无人装备参与的“空地一体化无人联合作战”已为时不远。人类使用“非接触”手段完成“接触式”作战的能力，也将发展到一个新阶段。

第九章

畅想未来

——未来的无人战争

回望几十年前的科幻电影，当时出现的机器人和无人飞行器现在已经变成了现实。阿富汗战争和伊拉克战争中，美军已经部署了5000多架无人机和5000多台军用机器人，这些钢铁战士为美军赢得胜利立下了汗马功劳。随着科学技术的飞速进步和各国军方对于机器人研究的高投入，我们可以想象，空中：侦察卫星、通信卫星、高空无人机，以及各式各样的空中不载人遥感器，不分昼夜的将高质量的实时图像传送到任意一个作战指挥环节之中；无人战斗机和轰炸机在卫星的导航下，呼啸着飞向战区；由激光控制的导弹以最高的精确度扑向目标。地面：无人侦察车和微型机器人地面传感都不停地获取着战场信息；不载人移动计算中心迅速地处理着最新的战斗信息；由机器人驾驶的坦克、自行火炮和智能弹药不断地对敌实施攻击。海底：装有先进传感器和攻防武器的潜水机器人越过暗藏杀机的水雷场，悄无声息跟踪敌艇，将其迅速击毁后返回母舰。就这样，在没有人类涉足的未来战场上，进行着一场激烈的“无人战争”。

未来无人战场的对决将会是不流血的战争，但对抗将会更加激烈和残酷。新的战争必然带来新的战争模式，战争将更加透明，信息领域的争夺将更加激烈。到时，无人空战将成为制空权争夺的主要形式。

未来的数字战场

数字战场是一个高度网络化的战场。在该战场上，网络把战场上的每一个物理空间、每一个武器平台及每一台计算机都连接起来，形成一个上下左右互通、互连、互操作的无缝连接信息网络系统，从而使战场上的任何一个作战单元、作战平台、C4ISR 系统、武器装备系统、后勤保障系统等都实现了信息化，确保作战顺利进行，直至赢得战争。未来的无人战争将会在数字战场中进行，来自多方面的海量信息，利用数字化处理手段，精确地传达至每一个作战平台。未来的数字战场将把文字、数据、语言、图片、动态影像等各种信息转换成二进制编码的数字化信息，并通过有线、无线通信及卫星通信等信息传输手段，把整个作战空间连接成一个高效、大容量、标准化的战场互联网络系统，从而实现了战场信息高效、可靠、安全传输数字化。

未来的数字战场将使作战空间大幅扩大，战场变为陆、海、空、天、电、网、信息和认知多维一体。这种作战空间的扩大化完全是数字化和信息化的必然结果，并主要反映在如下方面：一是无人兵器射程增大使战场范围进一步扩大；二是侦察、监视和情报获取能力提高使战场范围进一步扩大；三是各军兵种联合作战使战场范围进一步扩大。由于数字战场（包括地面、海上、空中及太空）部署有情报系统、侦察系统、监视系统、指挥控制系统、通信系统等，构成了一个完整的信息网络系统，它们每时每刻都在搜集、处理、传输、显示着各种信息，多媒体技术和虚拟现实技术所实现的各种文字、图片和动态影像显示，可使每个参战单元共享“同一画面”。所以，这种高度的战场可视化便极大地影响了军队作战组织方式，使得作战时间压缩，空间扩大，作战形式呈现出真正的多维一体化，并最终收到战斗力最大化的效果。

数字战场将使未来战争的作战样式呈现非线式作战。非线式作战如前所述，呈现出一种广泛机动、全维联合作战，并着眼于打击敌方作战体系关键节点的新思路。它不再具有传统战场上，作战双方互相对峙、界限分明，呈现出非常显著的线式特征。而是正如美军所认为的那样："在数字战场上，作战地域的图线是破碎的、弯曲的、不连续的，而且不断地变化。"作战双方，交错而处，战线界限变得模糊，你中有我，我中有你，整个战场处于一种不规则的非线式状态。也就是说，未来的数字战场将会有以下特点：一是敌对双方将不会停留在一条稳定的战线上，不再有明显的对峙线及接触线；二是进攻方在实施纵深攻击，着眼于打击对方战略和战役重心，迅速达成作战目的；三是战场的流动性大、作战范围广、结构不规则、广泛实施机动战，因此战场形态无边际线；四是在兵力与火力运用上. 更加强调有机结合和重视远程精确打击；五是更强调发挥指挥自动化系统的作用，使其在数字战场上作战更为灵活而有效。

同时，站在军事高技术层面和完全信息化战争的高度上，有理由可以预测到未来可能出现的信息化战场，它将是一个网络化、一体化、微型化的崭新战场。

向网格化方向发展

网格系指将多个计算机组成格状式网络，以发挥更大、更有效的科学计算、信息处理、系统仿真及综合集成作用。如网格可将整个因特网整合成一台巨大的超级计算机。因此，它是一种比当今网络更为高级的空间网形式，是全新的信息共享平台。前面提到的GIG，就是一个利用网格技术将美军在全球范围内的传感器网、计算机网和武器平台网联为一体的全球性信息化作战空间网。它能够按照用户需求，为之提供信息和作战知识以及给海、陆、空和海军陆战队官兵提供所需求的各类信息数据，GIG具有全球互联及终端对终端的信息传输能力，拥有向所有军事行动点提供所需作战空间信息的各种能力，已成为当前网络中心战的“神经中枢”。因此，数字战场向网格化方向发展是一种必然的趋势。

向一体化方向发展

一体化从根本上体现了系统综合集成的优势，可使未来无人作战平台的战斗力达到最大化。因此，在未来战场上，为了提高整体作战效能，使军事力量、作战行动和战场空间实现高度一体化是信息化战争的重要需求和必然选择。随着网络技术和网格技术的发展，军事力量、作战行动和战场空间的高度一体化将成为现实。这样，必将导致在战场作战力量一体化、作战行动一体化和战场空间一体化的基础上，最终形成全维战场的一体化。

向微型化发展

随着纳米技术和基因技术的迅猛发展及广泛应用于军事领域，导致各种微型纳米武器和基因武器不断涌现并用于实践，使现代战争中的高技术兵器发生了质的变化，未来战场也随之出现了向微型化发展的趋势。纳米武器大致分为两大系列，即纳米信息装备系列和纳米攻防武器系列。前者指利用纳米技术制造各种军用信息系统装备，如“麻雀”卫星、“苍蝇”无人机、“间谍草”无人机等；后者是指运用纳米技术制造微智能型攻防武器，如“蚊子”导弹、“针尖”炸弹、“蚂蚁”士兵等。

遥控战争

美国在阿富汗战场取得反恐战争胜利后，五角大楼备受鼓舞。他们开始总结在那里使用新概念武器的经验，并加紧研制新型的军事装置，由它们来取代人，从事作战任务，他们预言：战争将走进遥控时代。

技术的飞速发展带来了可以遥控操作、甚至可以完全自动运行的感应器、汽车和武器。五角大楼的计划人员说，在未来10年内，这些装置、设备将用来从事许多目前仍由人承担的最危险、最耗时、最单调乏味的任务，从而引起战争方式的革命性变化。其实，五角大楼在陆地、空中和空间轨道上安装的“自动哨兵”早已通过热探测器、雷达、摄像机、麦克风和其他装置在从事战场的侦察任务。

在未来数年内，将可实现一旦发现目标，即由无人驾驶的汽车或飞机前往摧毁。这些无人驾驶装置能自动识别敌友，无须征求人的意见。五角大楼的人员表示，用自动装置取代人力必须实现以下几个目标：新装置体积将更小、重量更轻、造价更低，能更有效使用燃料和便于移动。对那些人不愿意承担的事，如站岗放哨和把守山口要道等，都可交由这些自动装置去完成。

现今社会人们越来越不愿见到本国军人的阵亡，遥控技术能帮助和保护那些士兵。马萨诸塞州一家高科技公司的老板普拉多博士说，他的公司正在进一步改进其产品——一种体积如同书本大小的机器人哨兵，将这种小机器人撒在战场上，能监听敌人的车辆动向。

遥控操纵是一种趋势

专家们基本一致的看法是，对未来战争影响最大的将是遥感和飞行技术。到2020年，甚至更早一些，无人机和无人驾驶汽车将直接遥控引导轰炸机奔袭轰炸目标；无人驾驶的直升机将协调无人驾驶的护航舰；无人驾驶潜艇将会自动清除水雷，发射巡航导弹。

美国国家科学院陆军科技局的电子工程师罗斯领导一个小组，负责为陆军研制无人驾驶车辆。他说，机器人能为未来的陆军做三件事：使士兵不再担任易受伤害的任务；取代士兵从事那些吃苦受累、单调乏味的任务；士兵疲倦后，接替士兵完成需很长时间才能完成的任务，机器人是永远不会有害怕情绪的。五角大楼的分析人员相信，一些简单的设备，如红外线和夜视望远镜，敌人也能拥有。但是没有任何一个国家或恐怖组织有能力在不久的将来将这些系统广泛深入地装备其军队。

阿富汗战争使五角大楼相信梦想可以成真。在那里，无人驾驶侦察机，发挥了出乎意料的作用。它们用一系列的摄像将塔利班和基地组织的行动传到设在沙特阿拉伯和五角大楼的指挥部，指挥部可据此下令立即对他们实施空中打击。五角大楼在2003年的预算中拨出11亿美元加速开发“捕食者”、“全球鹰”及其他几种型号的无人机。美国这一波军事技术发展重点是扩大部队获取信息的能力以及快速实施毁灭性打击的能力。要争取看到敌人隐蔽所内部，看到山后面的山，甚至看到国界那边的军事部署情况。越南战争时，美军曾在胡志明小道两侧的树林中投下用蓄电池作能源的监听装置，这种装置原本是为潜水艇设计的。五角大楼还动用过遥控侦察机，但由于技术粗糙，使用范围有限而没有进一步研制。但到了上世纪 90 年代，计算机和遥感技术出现了飞跃，再次燃起了五角大楼对遥控武器的兴趣。在波斯尼亚，美军试用了陆军的猎户式无人侦察机；在科索沃，美军第一次部署了无人侦察机“捕食者”。在美战机开始轰炸阿富汗时，空军已经能将“捕食者”的摄像机与武装直升机上的电脑屏幕、在阿拉伯海航空母舰上的电脑屏幕以及设在沙特阿拉伯的空军联合行动司令部的电脑屏幕连成一体。

几年前，地面监听装置，需由军队把它拉到敌人阵地。现在，该装置的重量为 3 磅。其中一种型号适用于由飞机投放到敌人阵地，这种感应器能探查出震颤和声响。利用一个计算机化的特殊声音库（存有敌人的马达声、坦克履带行走声等声音），它们能识别过路者是平民还是军队。马萨诸塞州一家生产这种装置的公司老板说，下一步将来自这些感应器的数据与高空飞行的无人侦察机或卫星发回的信息结合在一起处理。五角大楼的官员说，利用不同的感应器对同一地形进行侦察，比较这些信息，就容易揭穿圈套或被伪装起来的武器。对科索沃进行轰炸时，南联盟军设下的一些圈套常常让美国的轰炸机上当。

“无生部队”与“有生部队”将混编作战

为了提高无人化武器遥控操纵的可靠性，美国军方正在尝试，将“无生部队”与“有生部队”混编进行作战，来发挥无人兵器的作战效能。尽管目前军用机器人的智能水平、反应能力和动作的灵活性都还远远赶不上军人。但其巨大的军事潜力超常的作战效能，预示着在未来战争舞台上是一支不可忽视的军事力量。据统计，自从有了机器人，每隔20年机器人的运算能力提高1000倍；有人预测，在未来的30年中，机器人的智力、应变能力和灵活性上可能将比人类略胜一筹。

资料链接：无人舰艇

近几年，美国和欧洲已研发出多种军用无人艇，亚太地区的新加坡和日本等国同样热衷发展此类技术。据美国《航空周刊》报道，专家们相信无人艇特别是无人水下潜航器将成为未来海战的主角。目前，地面和空中无人平台已经开始执行作战任务，无人艇同样也开始涉足军事领域，执行搜索监视、水下测绘制图、情报收集、水雷对抗、两栖战、特种战和港口防御等任务。

随着人工智能技术和机器人技术的飞速发展，由机器人组成的无生部队与由人组成的有生部队并肩作战的日子，并非遥远。世界各发达国家都竞相发展机器人技术，以此作为夺取军事技术优势的一个重要方面。

美国是发展军用机器人最积极的国家。其国防部开列出对未来战争具有重要影响的20项主要高技术，把人工智能和机器人列为第16项；每年拨款数亿美元，组织大批专家对100多种军用机器人进行研究。美国已着手组建防核生化、空中无人攻击机及水下作战的“机器人兵团”。早在1998年，美陆军提出了使用机器人战斗群的“多维概念”方案，即在集团军中组建一支直属的特种机器人部队。美军设想，在未来战争中，空袭将由无人作战飞机来完成，只派少量武装特

美军MQ–8B“大力侦察兵”无人直升机

工潜入敌方阵地进行毁伤评估；海战由机器人舰队做主力，人员在基地操纵；地面作战时由机器人“突击队”冲锋陷阵。由人组成的部队在其后跟进，主要执行消灭残敌和占领对方阵地的任务。

除美国外，英国、德国、法国、意大利、西班牙、以色列、澳大利亚、日本、俄罗斯等国家也都在积极研制战场不同用途的军用机器人。西欧“尤里卡”计划的重点之一就是发展机器人。法国国防部曾召开“未来战场上的机器人”研讨会，提出了发展军用机器人的初步计划。俄罗斯已研制出 30 多种机器人。日本认为，使兵器实现无人化和机器人化，有可能成为今后兵器发展的趋势之一。日本是高技术发达国家，所研制出来的许多不同用途的工业机器人占全世界机器人总数的近 2/3，雄居世界第一位，为发展军用机器人具备了雄厚的技术基础。日本以优先考虑用机器人来取代士兵侦察、作战和后勤支援等危险任务，减少作战伤亡，作为研制机器人的基本指导思想。以色列等国正设想建立机器人作战分队、战斗保障分队、技术和后勤保障分队等机器人部队。

没有硝烟的战争

在未来无人战场上，信息技术则很可能与另一种高技术相矛盾，那就是信息干扰技术。有一篇评论美国空袭利比亚事件的文章，将电子战或电子干扰技术比作“看不见的长城”。如果过细地研究电子对抗的价值，那就必须以实际数字加以衡量，弄清楚在全部战斗力中究竟有多少是由电子干扰产生的。

资料链接：第四维战场——电子战

电子战是指敌对双方争夺电磁频谱使用和控制权的军事斗争，包括电子侦察与反侦察、电子干扰与反干扰、电子欺骗与反欺骗、电子隐身与反隐身、电子摧毁与反摧毁等。由于军队电子化程度的迅速提高，电子战被作为直接用于攻防的作战手段，形成了“陆、海、空、天、电”多维立体战。电子战的攻击重点是敌C4I系统。海湾战争中，在多国部队连续高强度电子战打击下，75%的伊军电子系统无法正常工作，使伊军成了聋子、哑巴、瞎子。保证己方使用电磁频谱，防止敌方使用电磁频谱的斗争成为现代战争的第四维战场，大规模电子战将贯穿于战争的始终。未来战争中，电子战将发挥巨大作用，没有制电磁权就谈不上“制天、制空、制海、制陆”权。

据国外试验，当干扰强度或时间仅及通信发射机强度或时间的20%时，接收一方的误码率就可能达到10%。换句话说，对方军事行动的准确性和协调性将在既定条件下降低10%以上。美国的军事运筹学家斯赖伯在分析了许多次作战的兵力兵器对比和交战结果后指出，有效的指挥、控制和情报可以提高作战能力41%。

在第五次中东战争中，以色列以突然、神秘的动作，击毁了近百架叙利亚飞机和部署在贝卡谷地的防空导弹群，不仅展示了电子抗争的现状，也在某种程度上预示了电子抗争的未来。据美军试验，在未来的战场上，由于信号占用频域宽、体制多、密集度高、捷变能力强，同一空间的信号密集度将达到每秒1200万个电子脉冲，相当于1600部大功率雷达同时在一个探测范围内工作。

以色列军队在中东战争中使用的电子技术，并没有什么惊人的东西，只不过是在战争的实践中先走了一步而已。而这平静的一步却引起了戏剧性的反响，西方军事家纷纷指出：“黎巴嫩战争显示了未来战争的一个重要特征。电子战将成为未来战争的一个重要支配因素。”最近，美军在罗姆航空发展中心，亚利桑那州的瓦丘堡，内华达州的内利斯以及加利福尼亚州的中国湖附近，建立了四个电子战训练与实验场，并从地理条件、电磁环境和试验空间等方面逐步逼近未来战争的局部战场。

可担负电子战任务的“灰鹰”无人机

国外有人预测，在无人战场上，军队将大批装备抗干扰能力很强的无线电台，但这需要数年，也可能是一代人的时间。在这期间，为干扰敌方更多的通信装置的响应式通信干扰器材的技术问题可能全部解决。如对每秒跳频 100 次的通信电台，响应器只需在 8 毫秒内就可以作出反应. 能造成对方 10％的误码率。而实际上，响应干扰器的反应时间还可以再快些。

美国海军陆战队的一位高级军官断言：“机动和电子战，将是未来战争的显著特征。”奈斯比特在《大趋势》中则预言：“电子工业将发展成高达 4000 亿美元的巨大生意，这将是地球上最大的行业。”

未来的无人空战

由于无人机技术迅速发展，众多的新领域、新学科、新技术，已经或将被应用于无人机系统。新技术革命的浪潮方兴未艾，第四次技术革命蓄势待发。正是在这种形势下，未来将会组建以无人机为主体的无人空军，也会迎来技术含量很高的无人空战。

在未来作战中，为了充分发挥无人机的作战效能。将会出现大规模混编使用无人机集群的作战样式，各种无人侦察机、无人战斗机、无人电子战飞机同时升空执行作战任务。将会组建一支规模庞大的无人空军，“飞行员”可以一边看着电脑屏幕，一边喝着咖啡，指挥着数架无人机执行任务。一架无人侦察机将侦察情报传递给无人攻击机也许仅仅是通过在线聊天工具。

在未来空战中，无人机的突防和攻击能力，将有大幅度的增强，所采取的突防手段，也将是更加多种多样的，其中包括利用最先进的“地形跟踪、回避”系统，可以在离地面几十米的范围内，进行超低空飞行。无人机可以施放更加强烈的电子干扰，对敌方的防空系统实施“软压制”，可以使敌方的雷达迷茫，通信中断，火控失控。无人机将更加广泛和有效地使用反辐射导弹，摧毁对方的地面雷达。无人机也可以采用隐形技术，使敌方的侦察探测设备难以发现。

特别是高性能的无人战斗机，将具有更强的对地对空攻击能力。在飞机上可以携带多功能、多种类、多数量的精确制导武器，可以对敌实施远距离、全方位的猛烈攻击。因此，无人机在未来战争中，将更加适合于担任重要的或主要的火力突击手段，也将更加适合于单独执行实施“外科手术式”的打击任务。

在未来几十年内，高技术将在无人机上广泛运用，从而使无人机的速度加快，续航时间增长，载弹种类和数量增多，智能化程度提高，有的还具有隐形性能。这不仅增强了未来空战的高合成性，而且也提高了无人机的远程奔袭和精确打击的能力，必将导致战争面貌发生重大变化，使未来空战的形态出现新的景观。

未来无人空战将更具高立体、大纵深和全方位

无人化装备在空战中的广泛运用，极大地拓展了作战的空间范围，必将使空战的空间空前扩大，呈现出更加明显的全空域、高立体、大纵深的特点。

在未来无人空战中，武器装备分布的高度和距离还将进一步拉大，将使未来空战的作战空间，向高、中、低结合的全面的高立体方向发展。特别是无人宇航兵器以及无人超低空的武装直升机的发展，其空中作战的活动高度，可以从超低空直至大气层以外的宇宙空间。

与此同时，在无人空战中，兵力兵器远距离作战的能力将显著提高，作战侦察（探测）距离将明显增大，在空间运行的种种侦察卫星的探测距离，已覆盖整个地球表面，甚至深入浅近地层下。未来空战可以借助卫星等先进手段，在全球范围内实施全纵深、全覆盖的侦察和监视。

此外，无人空战的武器装备，由于其射程和航程明显增大，因而进一步增强了其远程距离作战的能力，到那时，比较普遍地使用了空中加油机，可以到达全球任何一个角落。

随着高技术空战武器装备的进一步发展，无人航天飞机等新型装备将在空战中运用，未来无人空战的高立体、大纵深和全空域性将会进一步增强，同时突袭几十个、几百个目标的情况将比较普遍。

未来无人空战将更具全天候和全时域性

在未来，军用光电子技术将在军事领域广泛运用，必将进一步促进夜视器材的发展，夜间进行空战的能力也将明显提高。特别是机载雷达性能的不断提高以及红外前视、激光夜视等设备的广泛采用，无人机将具备全天候作战能力，空中作战将不受昼夜天候所限制。可以预见，未来的空战，在夜间和不良气象条件下，连续 24 小时将是普遍和经常的事情。

未来无人空战将更具高合成和大整体性

未来的无人空战，由于具有更加广泛的高技术性，由此而必然导致其技术构成的高合成性，也必将导致其作战力量构成的高合成性。未来无人空战必将是十几个乃至几十个无人机组成，进行大合成的高立体和大整体作战，甚至于一次大的空战，将可能涉及或牵动整个战争的各种技术力量。

未来无人空战中，种类繁多型号多样的无人机装备，经过严密的战斗编成和作战控制，将形成一个庞大的空战系统，呈现出一个高合成的、强大猛烈的空中打击力量。

未来无人空战将更具高精度和高摧毁性

在未来的无人空战中，必将更加重视和普遍使用高精度的导弹。同时，将普遍重视使用各种制导炸弹，如更高性能的电视制导炸弹、激光制导炸弹和毫米波寻的制导炸弹等。这些高性能的空战武器，不仅攻击精度高，而且摧毁能力强。

目前，多种人造卫星，已经用于作战而成为作战平台，为空战提供和传输了及时有效的情报信息。在不久的将来，无人航天飞机和宇航站运用于作战，也将作为太空机动作战平台出现。到那时，必将普遍地使用全频谱、大功率、自动化程度很高的电子战系统。电子战也必将成为未来无人空战的一种普遍作战方式。

主要参考文献

1. 刘义清，杨俊旺. 警惕战场上空的幽灵——无人机 . 北京：长征出版社，2003

2. 肖占中，宋效军. 机器人部队与无人战争 . 北京：海潮出版社，2003

3. 杨晶梅. 军用无人机揭秘 . 北京：国防大学出版社，2004

4. 黄 河. 飞行化陆军建设研究 . 北京：军事科学出版社，2013

5. 宋跃进，秦 继等. 数字化士兵技术 . 北京：国防工业出版社，2008

6. 戴志平等 . 信息化条件下的网络中心战 . 北京：军事谊文出版社，2010

7. 董明林，李 炬. 数字化战场 . 北京：星球地图出版社，2009

8. 刘可俭等. 美国未来作战系统 . 北京：解放军出版社，2009

9. 池亚军，薛兴林. 战场环境与信息化战争 . 北京：国防大学出版社，2010

10. 胡问鸣. 无人机系统技术 . 北京：国防工业出版社，2009

11. 魏瑞轩，李学仁. 无人机系统及作战使用 . 北京：国防工业出版

社，2009

12. 李荣常等. 空天一体信息作战 . 北京：军事科学出版社，2003

13. 蔡自兴，姚 莉. 人工智能及其在决策系统中的应用 . 长沙：国防科技大学出版社，2005

14. 郭伟胜. 无人化战争 . 北京：国防大学出版社，2011

15. 王文峰. 第四次飞跃：机器人革命改变世界 . 北京：华文出版社，2011

16. 李 杰，赵绪明. 舰载无人机 . 北京：解放军出版社，2011

17. 石 磊. 揭开无人战争的奥秘 . 长春：吉林人民出版社，2011

18. 冯密荣等. 世界无人机大全 . 北京：航空工业出版社，2004

19. Paul GF，Thomas JG. 无人机系统导论 . 北京：电子工业出版社，2003

20. 刘兴堂等. 信息化战争与高技术兵器 . 北京：国防工业出版社，2009

21. 王雪平，黄 河. "飞起来"，陆军发展的时代趋势 . 学习时报，2013 年 3 月 25 日

22. 徐正荣. 无人战斗机述论 . 飞机设计，2002（3）

23. 王丽霞. 美国的无人作战飞机 . 航空兵器，2005（2）

24. 王淑芬. 国外几种无人机简介 . 飞航导弹，2002（5）

25. 刘一利，胡 波，方胜良. 无人机对 IMSE 通信干扰仿真研究 . 舰船电子对抗，2011（1）

26. 晃祥林，陈 琪. 无人战斗机的发展及其关键技术 . 飞行力学，2001（19）

27. 王淑芳. 美、法几种无人机简介 . 飞航导弹，2002（2）

28. 王重秋，李锋，张靖. 无人作战飞机系统综述．电光与控制，2004（11）

29. 余旭东. 未来作战中无人机作战使用十大方式．飞航导弹，2005（4）

30. 滕先亮. 新型特战力量：由战场“尖刀”转向体系“铁拳”．解放军报，2011 年 12 月 29 日

后 记

无人机的迅速发展和广泛运用，正深刻地改变着现代战争的面貌，引起了作战方式方法的变革。近期发生的局部战争一再表明，无人机装备逐步取代有人驾驶飞机的发展趋势日益明显，已经成为战争中的新锐力量。

改革开放以来，我国航空工业发生了翻天覆地的变化，开始向世人展示航空大国的雄姿。如何将我们今天航空工业力量更广泛、更深入地应用于军事领域，打造强大的中国无人机军团，紧跟世界军事变革的潮流，是我们从事国防事业和维护国家稳定的军人义不容辞的历史责任。正是基于这种思考，萌生出研究和撰写《战场新锐——无人机》一书的想法，并将之付诸行动。

起初，我们通过网络、图书、报纸等媒介大量搜集无人机相关资料，是一项繁重而又艰辛的工作。但随着资料积累的增多，写作的不断深入，却一发不可收拾。无人机的发展历史、无人机的显赫战功、无人机的明星成员、无人机的先进技术……置身其中，看到的是一个与硝烟战火紧密相伴的“空中战士”，看到的是无人机无限的发展前景。如何向读者清晰展现无人机与战争的关系，是我们一直思考的问题。为此，我们在本书的编写过程中，力争突出三个特点：一是突出军事性。主要从军事角度入题，以军事角度、战场视野、专业眼光认识无人机、解析无人机、展望无人机。详细描述了无人机因战争而生，在战争中不断发展的过程，精彩呈现了无人机在近几场局部战争中的表现以及其对现代战争理论的冲击与影响。二是突出受众性。本书知识量大、信息含量多，可读性强，力求能够作为军事院校无人机操作培训的参考资料和辅导教材，作为普及国防知识的科普读物，作为军事研究的有益参考。三是突出前沿性。编写过程中，注重从国内外的前沿、权威资料吸取营养，通过报纸、网络吸收新鲜知识，在研究思考的基础上科学构想，提出了一些有别于他的见解。如果给读者一些有益的借鉴或启发，我们会感到很欣慰。

在本书编著过程中，我们遇到了很多困难，有资料不足的问题，有技术知识的问题，有逻辑结构的问题。但令我们感到欣喜的是，此书编写过程中，得到了众多领导、专家和朋友的支持和帮助。航空航天工业部原局长、中国国学院大学常务副校长李德深教授、北京军区某部朱太升部长百忙之中审阅书稿，提出了宝贵的修改意见。北京军区档案馆陈慧馆员，38集团军某部井广振中尉逐字逐句对全文进行了认真校对。新华出版社的庆春雁编辑为本书的出版付出了大量的辛劳。在此，一并表示深深的谢意。

在本书成稿之际，我们也深深地感到能力有限、知识的匮乏、实践经验的不足。可以肯定地说这本书还存在着这样或那样的不足，希望读者能够对书中的错漏之处不吝赐教。在编写过程中，我们参考了不少专家学者的著作，从中吸取了宝贵营养，在此表示衷心的感谢！

作 者

2015年1月